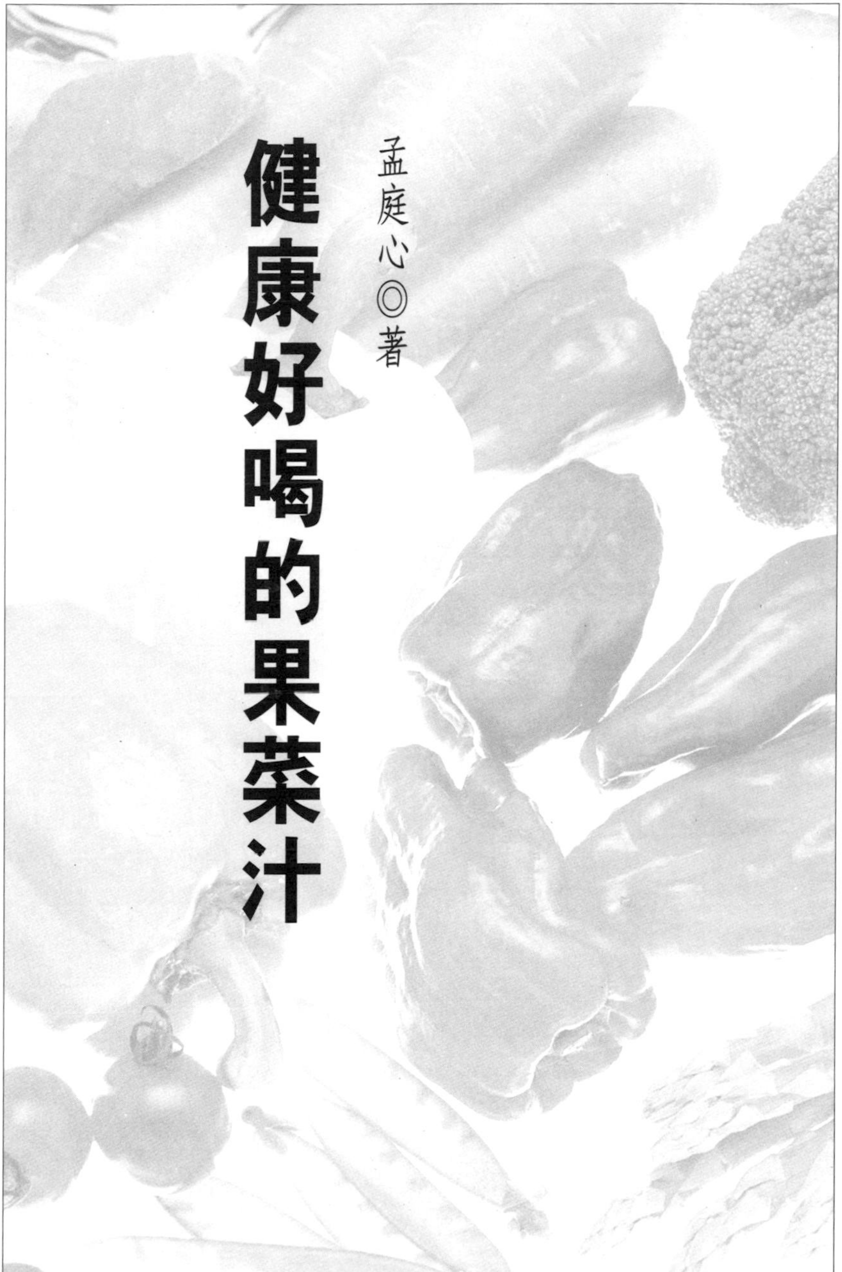

健康好喝的果菜汁

孟庭心◎著

健康新主張

孟庭心

現代人生活忙碌，外食機會增多，又講究吃得細緻，在享受美食之餘，營養攝取上逐漸失去了平衡。

如何有效攝取維生素和纖維質，以補充身體健康的泉源，已成為現代人不能不注意的重要課題。

水果與蔬菜，是上天賜予人類最大的恩惠，它滿足了我們健康上的所有需求，能夠善加利用的話，除了健康之外，還兼具治病養身的功能。

本書的編寫，是希望能夠帶給讀者在家輕鬆製作好喝果菜汁的秘訣，讓每個人都能為自己的健康把關，活得健康又有活力。

市面上販售的蔬果琳瑯滿目，怎樣的調配使用才能既健

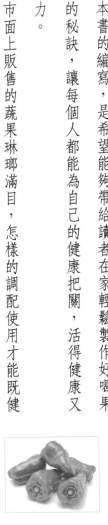

康又好喝呢？相信是很多人迫切希望知道的。本書收錄了一百八十種各類的果菜汁製作法，並著重於療效的功能，希望每個讀者都能針對自己的需求，在家裡自製果菜汁，為自己的健康付出一點關心。

當然了，材料的份量可以根據個人喜好作部分增減，並沒有硬性規定，但是很重要的一點是：一定要徹徹底底清洗乾淨。

最後，祝福每個人都能有健康快樂的生活。

目次

製作果菜汁的要領

一、使用當令的新鮮蔬果

昂貴的蔬果不一定代表營養價值高，當令的蔬果不僅新鮮而且價廉，是製作果菜汁的不二選擇。

大多數的蔬菜水果置過久營養成分容易流失，尤其是維他命C很容易遭到破壞，大大減低了營養價值，運用枯萎腐壞的蔬果製作果菜汁，不僅是無法達到健康的目的，甚至於有礙健康。

二、確實清洗乾淨

製作果菜汁大都取材於生鮮材料，必須徹底的清洗乾淨，以免吃進了蔬果上的殘留農藥與蟲卵。

使用油菜、波菜等葉菜類時，應以熱水稍稍燙過之後，再予充分瀝乾水分，切碎使用，最好用葉片部分，不僅口感

比較好，顏色也比較漂亮。

三、豆類必須煮過再用

綠豆、蠶豆、毛豆、紅豆等也能運用於果菜汁上。先將其以水浸軟後再煮熟即可，有些豆類需要相當長的時間才能煮軟，可以多煮一些放入冰箱冷凍備用。

煮豆類時加入小蘇打可以讓豆子容易變軟，但會破壞維他命B。

四、做好後應儘快飲用

做好的果菜汁如放置過久，容易變質變色，所以最好能儘快飲用，才能達到最佳的效果。

如果暫不飲用，在製作時可酌量加入碎冰保鮮，或做好後放入冰箱，如此可減緩果菜汁酸化的時間，更可防止細菌的滋生繁殖，還能增進風味，減低蔬菜的青澀味，可謂一舉兩得。

五、適量製作果菜汁

果菜汁不耐久放，放置過久容易變色走味，不僅難喝，營養成分也流失了，因此在製作時，最好根據家中人數做適當的份量，不要貪圖方便而一次做太多。

六、經常變換蔬果種類

大多數的水果蔬菜都能混和做成果菜汁，爲顧及均衡營養，最好能經常變換種類，而不要只喝某些果菜汁，如此才能攝取到完整的營養。

七、酌量加入副材料

果菜汁容易有蔬菜特有的青澀味，不單是小孩抗拒，有時連大人也敬而遠之，怎樣才能讓果菜汁美味好喝呢？您不妨善用蜂蜜、檸檬、牛奶、酒類等能夠增進風味副材料，讓果菜汁變好喝。

八、製作後器具一定要立刻清洗乾淨

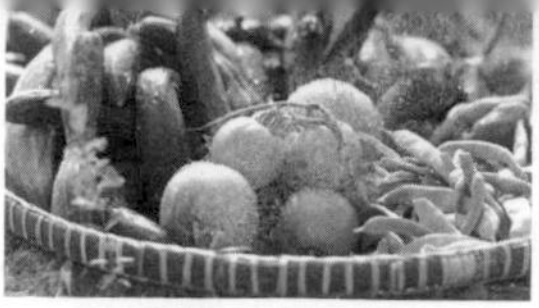

果汁機、榨汁機等器具，在使用後應立刻清洗乾淨。如在製作果菜汁時使用了雞蛋、牛奶等含有油份的材料，一定要用洗潔劑清洗乾淨，並充分乾燥，以免殘留於器具上。

常用蔬果的主要成分與療效

名稱	主要成份	療效
高麗菜	維他命A、B_2、C、碳水化合物、鈣、磷與少量硫、碘、氯	預防老化、補腎益氣、健胃，減緩關節、骨骼與肌肉的老化速度。
蕃茄	維他命A、B、C、P、鈣、鐵、鎂	糖尿病或減肥者適宜飯前食用；飯後食用可改善消化不良、高血壓、糖尿病。但是胃弱者不宜多吃。
結球萵苣	維他命A、B_1、B_6、C、磷、鐵、水份、鈣、菸鹼酸	可以有效的化痰，並可改善便秘、神經過敏、焦躁、失眠症、促進排尿及淨化血液。
胡蘿蔔	蛋白質、糖、β胡蘿蔔素、維他命A、B、蘋果酸	預防肌膚粗糙、夜盲症、視力減退；對虛弱體質、精力不足者可以補充體力。
蘿蔔	碳水化合物、水分、維他命C、鈣、β胡蘿蔔素、磷、纖維	預防感冒、咳嗽，改善飲食過多所引起的腹脹。
小黃瓜	鈣、糖、維他命A、B_1、B_2、C、菸鹼酸	消除浮腫、利尿、解熱。磨成泥敷在皮膚上可以改善曬傷症狀。
菠菜	脂肪、維他命、草酸、粗纖維、鐵、無機鹽	具有養血活血的功效，並具有止血作用，可做爲貧血者的補助食品，能有效改善虛寒體質。
青椒	維他命A、B_1、B_2、C、菸鹼酸、鈣、鐵、磷	防止組織鬆弛、補血、增加抵抗力、保養肌膚、供給頭髮和指甲營養。
油菜	維他命A、B_1、B_2、C、鈣、蛋白質、磷、鐵、菸鹼酸	治腰腳麻痺、高血壓、腹痛，有效改善體質。
花菜	維他命A、B_1、B_2、C、糖、纖維、鐵、磷、鈣	增進視力、養顏美容、改善貧血、預防胃潰瘍與十二指腸潰瘍，並能活化細胞，促進新陳代謝。
蓮藕	單寧酸、糖質、澱粉、纖維	降血壓、補心益胃，又可解熱、化痰、止咳、止喉痛。
冬瓜	維他命B、C、磷、鈣	降火氣、消水腫、利尿。

名稱	主要成份	療效
綠豆	澱粉、鈣、磷、鐵、蛋白質、維他命	治痱子、面皰、清涼退火、治瘡。
紅豆	菸鹼酸、鐵、維他命、糖、蛋白質、鈣、磷	具有利尿、治腳氣病、便秘、狂犬病的功效。
包心白菜	纖維、鈣、糖、維他命A、C、磷、鐵、菸鹼酸	健胃整腸、利尿、治發熱疾病、幫助消化、淨化血液。
苦瓜	維他命A、B_1、B_2、C、菸鹼酸、鐵、鈣、糖、磷、纖維	降火、解毒、解渴、促進食慾。
芹菜	維他命A、C、纖維、蛋白質、磷、鐵、鈣	幫助消化、促進食慾與新陳代謝、消除疲勞、失眠症。又因富含纖維，有助減肥。
蘋果	維他命A、B、C、纖維質、單寧酸、鐵質、磷、醣質	補血、益腦、保護胃腸、治腹瀉、胃病、高血壓。
香蕉	蛋白質、維他命A、C、無機鹽、粗纖維、糖質	改善便秘，並可治貧血與燥熱咳嗽。
檸檬	維他命C、糖質、鈣、無機鹽、鈉、磷、鐵、枸櫞酸	防止壞血病、增進食慾、預防皮膚老化、養顏美容。
橘子	維他命A、C、磷、鐵、鈉、鈣、糖質	食用少量橘子可以清脾開胃、保護血管；吃太多則容易生痰。咳嗽者宜避免食用。
柳丁	維他命A、C、磷、鈉、鈣、纖維	養顏美容、防止腸熱症。
葡萄柚	維他命B、C、糖類、鈣、蛋白質	養顏美容、促進排便。
梨子	維他命C、鐵質、礦物質、果糖	對造血、清血有利，可消除疲勞。具潤肺清胃之效。

名稱	主要成份	療效
葡萄	維他命C、澱粉、葡萄糖	補血、強腎利尿，並具有開胃整腸的功效。
西瓜	維他命B_1、B_2、C、糖類、蛋白質、鈣、鈉、磷	解渴、利尿、清涼消暑、治虛腫，並可改善咳嗽症狀。
香瓜	蛋白質、鈉、糖類、磷、維他命B、C	止渴除煩熱、利小便。
鳳梨	粗纖維、水分、鈉、鈣、鐵、維他命C、E、	治身體虛弱、低血壓、便秘、下痢、曬傷、凍傷與雀斑。
枇杷	維他命C、水分、果酸	利肺、加白糖打汁飲用可以改善氣喘症狀。化痰止咳、活血。
李子	鈉、維他命B、C、鈣、糖	消渴、止心煩。
金桔	纖維、鈣、糖質、維他命B、C、磷、鐵	具有解酒、止渴、治胃病之功效。
荔枝	維他命C、脂肪、葡萄糖、蔗糖、蛋白質	增強體力、補血活血、消肺氣、滋陰、促進血液循環、但血壓高、肝火旺者不宜多吃。
木瓜	木瓜酵素、維他命A、C、鈣、糖質、磷	治胃疾、促進乳汁分泌、助消化、治風濕、防止夜盲症。
甘蔗	維他命C、水分、礦物質、糖分	防止皮膚、黏膜乾燥、鎮咳止痛、潤燥止渴。
梅子	維他命C、果酸	止咳化痰、治虛火、增進食慾、生津止渴。
柿子	碳水化合物與維他命A、B、C	去痰、鎮咳、解飢、潤肺、健胃。

  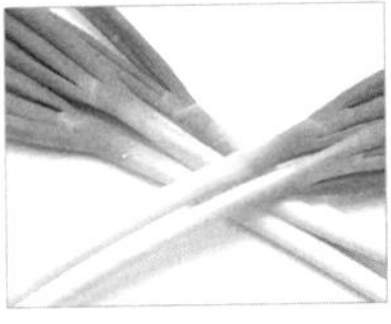 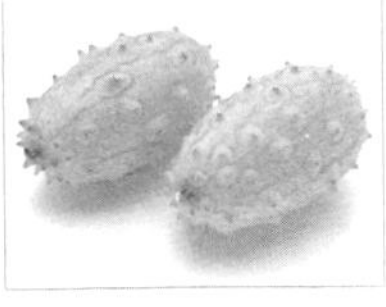

預防疾病・常保健康

蕃茄芹菜汁

材料：蕃茄一百公克，荷蘭芹一百公克，蜂蜜一小匙，檸檬汁一小匙。

做法：將洗淨的蕃茄和荷蘭芹，放入榨汁機中榨汁，加入準備好的蜂蜜和檸檬汁拌勻即可。

功效：蕃茄有燃燒脂肪，淨化血液的功能，可以預防動脈硬化、高血壓、糖尿病等慢性疾病，荷蘭芹則有利尿作用，可以促進發汗的功能，很適合肥胖者。

小叮嚀：蕃茄汁放久了果肉部分會與水分分離，變得不好喝，因此請勿擱太久。

紅蘿蔔高麗菜汁

材料：紅蘿蔔一百公克，高麗菜一百公克，蘋果一百公克，檸檬汁一大匙。

做法：將以上材料洗淨，蘋果削皮去核，與紅蘿蔔和高麗菜，放入榨汁機中榨汁，加入一大匙的檸檬汁拌勻即可。

功效：高麗菜含有豐富的維他命B、C、K及鈣質等酵素，與紅蘿蔔中所含的豐富維他命A，對於治療高血壓或動脈硬化等疾病，有顯著功效。

小叮嚀：此果汁如果連續飲用二、三日，會頻頻打嗝，這是腸胃要恢復正常的現象，無須擔憂。

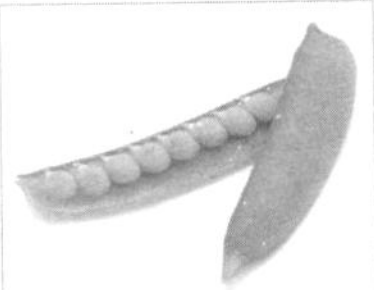

紅蘿蔔小黃瓜汁

材料：紅蘿蔔一百公克，小黃瓜一百公克，蘋果一百公克，蜂蜜一小匙，檸檬汁一小匙。

做法：將以上材料洗淨，蘋果削皮去核，與紅蘿蔔和小黃瓜，放入榨汁機中榨汁，加入一小匙的蜂蜜與檸檬汁拌勻即可。

功效：小黃瓜含有少量的維他命A、B_1、B_2和各種礦物質，養分十分平均，但卻具有獨特的功能——淨化血液，調節身體機能，加入紅蘿蔔對治療風濕病有顯著功效。

紅蘿蔔青椒汁

材料：紅蘿蔔一百公克，青椒二個，芹菜三十公克，油菜三十公克，香瓜一百公克，檸檬汁一小匙。

做法：將以上材料洗淨，蘋果削皮去核，香瓜去皮去籽與其餘材料，放入榨汁機中榨汁，加入一小匙的檸檬汁拌勻即可。

功效：青椒含有豐富的維他命C，此一果菜汁能夠幫助血液循環，對於凍傷及扁桃腺容易腫大者，具有特殊療效，而且可以有效預防高血壓和動脈硬化等疾病。

金橘白菜汁

材料：金橘五顆，白菜二百公克，芹菜二十公克，蜂蜜一大匙，檸檬汁一小匙。

做法：將以上材料洗淨，放入榨汁機中榨汁，再加入蜂蜜一大匙及檸檬汁一小匙拌勻即可。

功效：金橘含一般水果所少有的葉紅素和鈣質，能增強毛細血管的功能，常飲此一果菜汁，因含有豐富的維他命C、P及葉綠素，可以有效預防動脈硬化與腦中風等疾病。

小叮嚀：此果菜汁適合白天飲用，不宜夜間飲用。

芹菜高麗菜汁

材料：芹菜五十公克（含葉），高麗菜一百公克，蘋果一百公克，檸檬汁一小匙。

做法：將以上材料洗淨，蘋果削皮去核，與芹菜、高麗菜放入榨汁機中榨汁，加入檸檬汁一小匙拌勻即可。

功效：高麗菜含有豐富的維他命B、C、K、鈣質等酵素，對高血壓、糖尿病等慢性病有顯著功效。

小叮嚀：此果菜汁以用餐後或接近用餐前飲用，效果更佳。

葡萄柚毛豆汁

材料：葡萄柚一顆，熟毛豆五十公克，牛奶100cc，蜂蜜一小匙。

做法：將洗淨後的葡萄柚去皮，加入去皮的熟毛豆、蜂蜜及牛奶，放入果汁機中打勻即可。

功效：此一果菜汁適用於患有糖尿病的患者飲用。

青椒鳳梨汁

材料：青椒二個，鳳梨二百公克，蘋果一百公克，蜂蜜一小匙，檸檬汁一小匙。

做法：將材料洗淨，蘋果削皮去核，青椒去籽與鳳梨去皮去心，放入榨汁機榨汁，加入蜂蜜與檸檬汁拌勻即可。

功效：青椒含有大量的葉綠素，能清除血液中的膽固醇，也含豐富的維他命A、B_1、B_2、C、D、P，特別是維他命P，可以使毛細血管更具彈性，有效抑制高血壓，動脈硬化等疾病，搭配青椒的葉綠素作用，效果更佳，常飲用此一果菜汁，還可以迅速消除疲勞，也有養顏美容的功效。

橘子西洋芹汁

材料：橘子一個，西洋芹五十公克，蘋果一百公克，檸檬汁一小匙。

做法：將以上材料洗淨，蘋果削皮去核，橘子去皮去籽，與西洋芹放入榨汁機中榨汁，加入一小匙檸檬汁拌勻即可。

功效：橘子含有豐富的維他命C，芹菜中的維他命A和鈣質，能有效促進體內的新陳代謝、增強抵抗力、預防感冒，並可以減緩血管老化，具有清血功用。

草莓龍鬚菜汁

材料：草莓八個，龍鬚菜一百公克，蘋果一百公克，檸檬汁一小匙。

做法：將以上材料洗淨，蘋果削皮去核，草莓去蒂，與龍鬚菜放入榨汁機中榨汁，加入一小匙檸檬汁拌勻即可。

功效：草莓因含有豐富的維他命C，素有「維他命C之王」的美譽，除此以外，還含有鈣質，對健康及美容具有療效，而龍鬚菜則有強化血管、降低血壓的功能。

鳳梨蛋白汁

材料：鳳梨半顆，蛋白一個，蘇打水半瓶，檸檬汁一小匙。

做法：將鳳梨洗淨，削皮去心，與其他材料一起放入果汁機中打勻，再加入一小匙檸檬汁拌勻即可。

功效：鳳梨因含有維他命C及蛋白質分解酵素，與蛋白中豐富的維他命B_2，很適合膽固醇過高者飲用，而且清涼爽口，風味絕佳。

萵苣蘋果汁

材料：萵苣一百五十公克，蘋果一百公克，蜂蜜一大匙，檸檬汁一小匙，冷開水適量。

做法：將以上材料洗淨，蘋果削皮去核，與其他材料一起放入果汁機中打勻後，再加入一小匙檸檬汁拌勻即可。

功效：萵苣含有大量的維他命E和鎂，能有效活化神經細胞，屬於強鹼性食品，適合肉食攝取過多，而導致酸性血液體質，對於高血壓、腎臟病，具有食療效果，兒童多飲用此一果菜汁，可以有效防止佝僂病，助於健康成長。

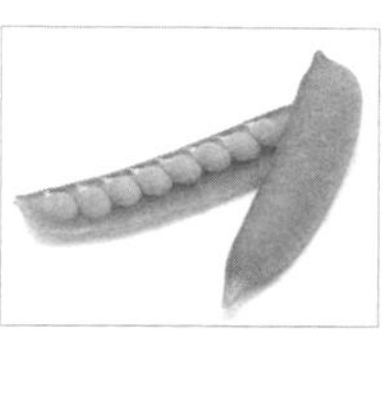

小叮嚀：萵苣軸部不可以使用刀子切開，否則會流出白色的液體，碰到葉片會變成茶色，而且會帶苦味，所以只要用手指輕輕剝掉即可。

橘子油菜汁

材料： 橘子一個，油菜一百公克，蜂蜜一大匙，檸檬汁一小匙。

做法： 將以上材料洗淨，橘子去皮去籽，與油菜放入榨汁機中榨汁，再加入蜂蜜與檸檬汁拌勻即可。

功效： 橘子含有豐富的維他命C，加上油菜中的維他命A、C和葉綠素，能夠促進身體健康，並且具有美容效果，對於預防高血壓、動脈硬化有功效。

鳳梨哈密瓜汁

材料：鳳梨半顆，哈密瓜一個，蜂蜜一小匙。

做法：將鳳梨洗淨，削皮去心，與洗淨後削皮去籽的哈密瓜，放入榨汁機中榨汁，再加入一小匙蜂蜜拌勻即可。

功效：鳳梨含有維他命C及蛋白質分解酵素，與哈密瓜中的類脂化合物，可以有效防止血管硬化。

豌豆綠茶汁

材料：熟豌豆五十公克，綠茶粉一大匙，果糖二大匙，冷開水半杯。

做法：將所有材料一起放入果汁機中打勻即可。

功效：豌豆裡含有蛋氨基酸、膽鹼等成分，可有效防止動脈粥樣硬化。

蘿蔔葉紅蘿蔔汁

材料：蘿蔔葉五十公克，紅蘿蔔一百五十公克，蘋果一百公克，蜂蜜一大匙，檸檬汁一大匙。

做法：將以上材料洗淨，蘋果削皮去核和蘿蔔葉、紅蘿蔔放入榨汁機中榨汁，加入蜂蜜、檸檬汁拌勻即可。

功效：此一果菜汁含有大量的葉紅素和礦物質，對於防止動脈硬化有具體功效，針對眼睛容易疲勞和肩膀酸痛也有助益。

香蕉百香果汁

材料：香蕉一根，百香果二顆，養樂多一瓶，蜂蜜一大匙。

做法：將以上材料洗淨，百香果挖果肉，香蕉剝皮，加入養樂多、蜂蜜一起放入果汁機中打勻即可。

功效：百香果含有豐富的維他命B2、β胡蘿蔔素、鐵、鋅、鉀、鎂等礦物質及菸鹼酸，加上香蕉含水分少、熱量高及豐富的鉀離子，可以有效預防高血壓等慢性疾病。

增強體力・消除疲勞

紅蘿蔔綠蘆筍汁

材料： 紅蘿蔔一百公克，綠蘆筍二根，蘋果五十公克，芹菜二十公克，蜂蜜一小匙，檸檬汁一小匙。

做法： 將以上材料洗淨，蘋果削皮去核，綠蘆筍整根（含下面白而硬的部分）及其它材料放入榨汁機中榨汁，加入蜂蜜與檸檬汁拌勻即可。

功效： 綠蘆筍含有天然蛋白質，可溶解肌肉中的尿酸，能有效消除疲勞，對於神經痛也有特殊療效，加入紅蘿蔔使此果汁含有豐富的碘質，對於關節痛、手腳發麻效果良好。

萵苣紅蘿蔔汁

材料：萵苣一百五十公克，紅蘿蔔一百五十公克，蘋果一百公克，蜂蜜一大匙，檸檬汁一小匙。

做法：將以上材料洗淨，蘋果削皮去核，與其他材料一起放入榨汁機中榨汁後，再加入蜂蜜及檸檬汁拌勻即可。

功效：萵苣含有維他命E、鎂，能活化神經細胞，適合經常用腦或神經容易疲勞者飲用。

水梨紅蘿蔔汁

材料：水梨二顆，紅蘿蔔一百五十公克，高麗菜一百公克，蘋果一百公克，檸檬汁一小匙。

做法：將以上材料洗淨，水梨、蘋果削皮去核，與其他材料一起放入榨汁機中榨汁後，再加入檸檬汁拌勻即可。

功效：水梨含有能消除疲勞的天然蛋白質，是夏日運動後最佳提神飲料。

芹菜荷蘭芹汁

材料： 芹菜五十公克，荷蘭芹五十公克，蘋果五十公克，蜂蜜一大匙，檸檬汁一小匙。

做法： 將以上材料洗淨，蘋果削皮去核，與其他材料一起放入榨汁機中榨汁後，再加入蜂蜜、檸檬汁拌勻即可。

功效： 常飲用此一果菜汁，可以幫助血液循環，增強體力，迅速消除疲勞，適合低血壓和無精力者飲用。

小叮嚀： 芹菜含大量鈉離子，高血壓患者需注意飲量。

紅蘿蔔蛋黃汁

材料：紅蘿蔔二百公克，蛋黃一個，牛奶一百公克，蜂蜜一大匙。

做法：將紅蘿蔔洗淨，放入榨汁機中榨汁後，再加入蛋黃、牛奶及蜂蜜，放入果汁機中打勻即可。

功效：此一果菜汁具有消除筋肉酸痛、減輕疲勞、預防皮膚粗糙的功效，適合發育中的兒童與體質虛弱者飲用。

小叮嚀：因爲蛋黃膽固醇含量太重，所以有心臟病、腎臟病及化膿性惡疾者，需要自行控制飲量。

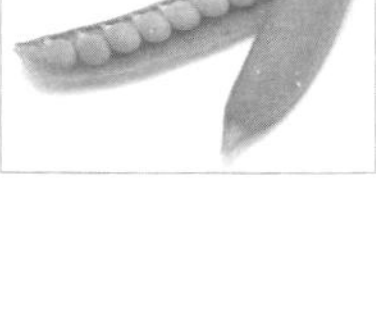

蕃茄青椒汁

材料：蕃茄二顆，青椒二個，芹菜五十公克，檸檬汁一小匙。

做法：將以上材料洗淨，（芹菜選有綠葉者，青椒不需去籽），放入榨汁機中榨汁，加入檸檬汁拌勻即可。

功效：青椒含有大量的葉綠素，能清除血液中的膽固醇，也含有豐富的維他命A、B_1、B_2、C、D、P等成分，特別是維他命P，可以使毛細血管更具彈性，有效抑制高血壓、動脈硬化等疾病，提高身體的抵抗力，搭配蕃茄，可以促進體內的新陳代謝，補充因體力不足，所引起的疲倦，是一個良好的保健果菜汁。

金橘花椰菜汁

材料：金橘十顆，花椰菜二百公克，蜂蜜一大匙，檸檬汁一小匙。

做法：將以上材料洗淨，放入榨汁機中榨汁，加入蜂蜜一大匙及檸檬汁一小匙拌勻即可。

功效：金橘含有豐富的維他命Ａ、Ｃ、鈣及鐵等礦物質，而花椰菜中之維他命Ｃ，能活化細胞，促進身體的新陳代謝，迅速消除疲勞，透過鐵、鈣的作用，不但能幫助造血，對於消除疲勞效果雙倍。

酪梨紅蘿蔔汁

材料：酪梨一顆，紅蘿蔔一百五十公克，蜂蜜二大匙，檸檬汁一小匙。

做法：將以上材料洗淨，酪梨削皮去核，與其他材料一起放入榨汁機中榨汁後，再加入蜂蜜、檸檬汁拌勻即可。

功效：酪梨中的氨基酸，紅蘿蔔中的維他命A與鐵質，及檸檬中的檸檬酸，蜂蜜中的單醣類等成分，這些可說是疲勞的（剋星）。

花椰菜蘋果汁

材料：花椰菜一百公克，蘋果一個，蜂蜜一大匙，檸檬汁一小匙。

做法：將以上材料洗淨，蘋果削皮去核，與其他材料一起放入榨汁機中榨汁，加入蜂蜜一大匙及檸檬汁一小匙拌勻即可。

功效：此一果菜汁能有效的解除由神經上的壓力，或失眠等因素，所引起的疲勞和肩膀疼痛等疾病。

菠菜蘋果汁

材料： 菠菜一百公克，蘋果一個，檸檬汁二小匙。

做法： 將以上材料洗淨，蘋果削皮去核，與菠菜一起放入榨汁機中榨汁，再加入二小匙檸檬汁拌勻即可。

功效： 蘋果含有15%的果膠，能提高腸子的蠕動，菠菜則具有造血的功能，可以增強抵抗力，改善貧血的功能。

蕃茄蛋蜜汁

材料：蕃茄二顆，全蛋一個，牛奶100cc，蜂蜜一大匙。

做法：將蕃茄洗淨，全蛋打勻，加入牛奶和蜂蜜，一起放入果汁機中打勻即可。

功效：蕃茄可以中和人體的酸性血液，幫助肉類和脂肪消化，並含大量的檸檬酸和蘋果酸，有助於消除疲勞，而蛋中的蛋白質，有益於孩童腦部的發展。

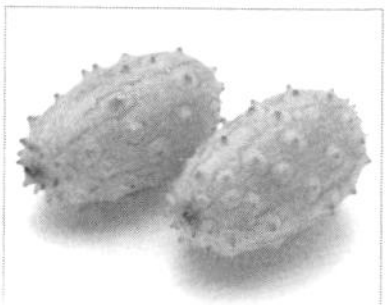

葡萄高麗菜汁

材料：葡萄二十顆，高麗菜一百公克，蜂蜜一大匙，檸檬汁一小匙。

做法：將以上材料洗淨，葡萄去皮去籽，和高麗菜放入果汁機中打勻，加入蜂蜜及檸檬汁拌勻即可。

功效：葡萄、高麗菜均含有豐富的礦物質，可以增強體力，消除疲勞，常飲用此一果菜汁，則有補血的功效，適合貧血者經常飲用。

橘子柳橙汁

材料：橘子一顆，柳橙一顆，檸檬汁一小匙。

做法：將橘子、柳橙洗淨剝皮去籽，用榨汁機榨汁，再加入檸檬汁拌勻即可。

功效：橘子、柳橙均含有豐富的維他命C，可以強化血管機能，預防血管硬化，還具有增強體力，消除疲勞的功效。

蘋果蛋白汁

材料：蘋果一顆，蛋白一個，蜂蜜二大匙，檸檬汁一小匙，冷開水半杯。

做法：將蘋果洗淨，削皮去核，與蛋白、冷開水放入果汁機中打勻，再加入蜂蜜及檸檬汁拌勻即可。

功效：蛋白中含有維他命B_2，可以預防口角炎、白內障、失眠症、中樞神經異常，常飲用此一果汁，除了可以迅速消除疲勞，還可以減輕眼睛過度的酸痛。

葡萄蘋果汁

材料：葡萄10顆，蘋果一顆，蜂蜜一大匙，牛奶100cc。

做法：將葡萄洗淨去皮去籽，蘋果洗淨削皮去核，加入牛奶、蜂蜜放入果汁機中打勻即可。

功效：葡萄含有豐富的葡萄糖，可以迅速的消除疲勞，而蘋果中的蘋果酸，可以強化血管，治療貧血，對於腎臟病、下痢、腹部疼痛者有效，而且可以解毒、中和酸性血質，加入牛奶還可以補充鈣質。

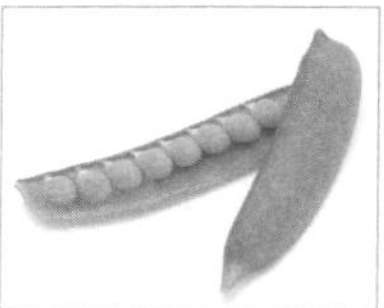

李子蘋果汁

材料：李子二顆，蘋果一顆，蜂蜜一大匙。

做法：將李子洗淨去籽，蘋果洗淨削皮去核，放入榨汁機中榨汁，加入蜂蜜拌勻即可。

功效：因李子中的煙鹼酸作用，可以迅速消除疲勞，此一果汁略帶少許的酸味，清爽宜人。

桃子李子汁

材料：桃子一顆，李子一顆，蜂蜜一小匙，檸檬汁一小匙，冷開水適量。

做法：將桃子、李子分別洗淨去籽，與冷開水放入果汁機中打勻，加入蜂蜜、檸檬汁拌勻即可。

功效：桃子、李子均有含豐富的維他命C，常飲用此一果汁，可以增強體力、消除疲勞。

鳳梨香瓜汁

材料：鳳梨半顆，香瓜一個，蜂蜜一小匙。

做法：將鳳梨洗淨，削皮去心，香瓜削皮去籽，放入榨汁機中榨汁，加入一小匙蜂蜜拌勻即可。

功效：鳳梨含有大量的維他命C、鈉、鈣質等成分，能使體內的新陳代謝作用旺盛，有效預防身體疲勞，而香瓜則含有豐富的鈣、鈉、鐵、磷等礦物質，也含大量的維他命A，對於皮膚粗糙，解除身體疲勞有效。

小叮嚀：空腹時，最好避免飲用。

草莓李子汁

材料：草莓十顆，李子二顆，蘋果一顆，蜂蜜一小匙，檸檬汁一小匙，冷開水適量。

做法：將以上材洗淨，草莓去蒂，李子去籽，蘋果削皮去核，和冷開水，一起放入果汁機中打勻，再加入蜂蜜、檸檬汁拌勻即可。

功效：草莓中的枸櫞酸和糖分的功用，可以迅速消除疲勞，使細胞功能活潑，李子也含有豐富的維他命C，可以增強人體的抵抗力，促進身體健康。

藍莓蘋果汁

材料：藍莓五十公克，蘋果一顆，優酪乳100cc，檸檬汁一小匙。

做法：將藍莓洗淨，蘋果洗淨削皮去核，和優酪乳，一起放入果汁機中打勻，再加入檸檬汁拌勻即可。

功效：藍莓含有豐富的維他命B群、檸檬酸，適合氣弱體虛、容易疲勞者飲用，而優酪乳中的乳酸菌，則可以提高人體免疫力、增強體能、預防各種疾病。

香蕉豆奶汁

材料：香蕉一根，豆漿150cc，葡萄乾五粒。

做法：香蕉洗淨剝皮，葡萄乾用溫水泡開切碎，加入豆漿，用果汁機中打勻即可。

功效：香蕉和葡萄乾一樣含有大量的醣類，可以迅速補充熱量，消除疲憊，而豆漿中的維他命B，可以幫助消除疲勞，卵磷脂可以防止老化，維他命E及亞油酸可以淨化血液，葡萄乾中也含有豐富的鐵質，可以促進新陳代謝，也是人體造血不可缺少的食材。

蘋果葡萄柚汁

材料：葡萄柚一顆，蘋果一顆，豆漿150cc，蜂蜜一小匙，檸檬汁一小匙。

做法：將葡萄柚洗淨去皮，蘋果洗淨削皮去核，和豆漿，一起放入果汁機中打勻，再加入蜂蜜、檸檬汁拌勻即可。

功效：葡萄柚中含的糖量極少，而蘋果可以降低血壓、膽固醇，檸檬具有解毒、強化肝臟的功能，中和此一果汁，具有防止肩膀酸痛等功效。

香蕉栗子汁

材料：香蕉一根，熟栗子十個，豆漿150cc，蜂蜜一小匙。

做法：香蕉、熟栗子剝皮，與豆漿，放入果汁機中打勻，再加入蜂蜜拌勻即可。

功效：栗子含有催化果糖、葡萄糖功效的成分，可以強化腰部與雙足筋力，而香蕉可以使維他命B及單醣類結合，迅速恢復體力。

蕃茄柳橙汁

材料： 蕃茄一顆，柳橙一個，紅蘿蔔一百公克，蜂蜜一小匙，檸檬汁一小匙。

做法： 將以上材料洗淨，紅蘿蔔放入榨汁機中榨汁，再加入去皮去籽的柳橙和蕃茄，一起放入果汁機中打勻，再加入蜂蜜、檸檬汁拌勻即可。

功效： 蕃茄、柳橙含有大量的維他命C、P，可以增強身體的抵抗力，又具有美容的效果。

山芋紅蘿蔔汁

材料：山芋一百公克，紅蘿蔔一百公克，蜂蜜二大匙，檸檬汁一大匙。

做法：將以上材料洗淨，山芋削皮和紅蘿蔔放入榨汁機中榨汁，加入蜂蜜和檸檬汁拌勻即可。

功效：山芋含有助於蛋白質分解的氨基酸，並能幫助消化澱粉，增強精力，對於自覺精力衰退者，可經常飲用此一果菜汁。

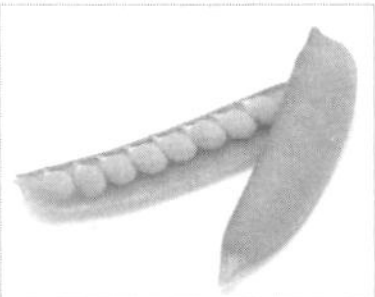   

梨子蘋果汁

材料：梨子一顆，蘋果一顆，蜂蜜一小匙，檸檬汁一小匙。

做法：將以上材料洗淨，梨子、蘋果分別削皮去核，放入榨汁機中榨汁，加入蜂蜜及檸檬汁拌勻即可。

功效：此一果汁含有消除疲勞的天然蛋白質，而且果酸還可以調節身體醣質，預防糖尿病疾病。

香瓜蘋果汁

材料：香瓜一顆，蘋果一顆，蜂蜜一小匙，檸檬汁一小匙。

做法：將以上材料洗淨，蘋果削皮去核，香瓜削皮去籽，放入榨汁機中榨汁，加入蜂蜜及檸檬汁拌勻即可。

功效：香瓜含有豐富維他命類，可以迅速消除疲勞，兼具有美容的功效。

蘋果艾草汁

材料：蘋果一顆，艾草一百公克，葡萄乾五粒，牛奶100ｃｃ。

做法：將以上材料洗淨，蘋果削皮去核，葡萄乾用溫水泡開切碎，加入艾草、牛奶用果汁機打勻即可。

功效：艾草含有豐富的維他命Ａ，而葡萄乾則含有優質糖類，可以轉換成體內能量，迅速消除疲勞，是病中、病後者所需的營養補給品。

桃子蘋果汁

材料：桃子一顆，蘋果一顆，蜂蜜一小匙。

做法：將以上材料洗淨，蘋果削皮去核與桃子去籽，放入榨汁機中榨汁，加入蜂蜜拌勻即可。

功效：桃子含有大量的天然蛋白質及磷、鈣，鐵等礦物質，與少量的維他命A、B_1、B_2、C等成分，可以增強人體的抵抗力，迅速消除疲勞。

荷蘭芹柳橙汁

材料：荷蘭芹五十公克，柳橙一個，蜂蜜一小匙，檸檬汁一小匙。

做法：將洗淨的柳橙去皮去籽，與洗淨後的荷蘭芹，放入榨汁機中榨汁，再加入蜂蜜、檸檬汁拌勻即可。

功效：荷蘭芹含有大量的鈣質，能促使神經安靜，不焦躁，也含豐富的維他命C、A、B_1、B_2及鐵質，可以有效預防貧血，對於癮君子，應多飲此一果菜汁。

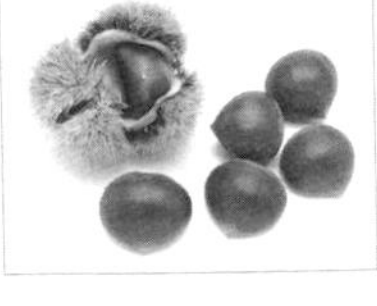

整腸健胃・促進新陳代謝

綠蘆筍汁

材料：綠蘆筍六根，芹菜五十公克，可爾必思60cc，冷開水100cc。

做法：將以上材料洗淨，綠蘆筍和芹菜放入榨汁機中榨汁，再加入可爾必思和冷開水拌勻即可。

功效：綠蘆筍能促進蛋白質的合成及新陳代謝，有助消除疲勞、滋養強壯的功效，並富含葉綠素，能促進心臟機能運作，防止動脈硬化，可爾必思內含的乳酸菌能幫助消化。

蕃茄油菜汁

材料： 蕃茄一顆，油菜一百公克，荷蘭芹五十公克，蜂蜜一小匙，檸檬汁一小匙。

做法： 將以上材料洗淨，放入榨汁機中榨汁，再加入蜂蜜、檸檬汁拌勻即可。

功效： 油菜含大量的維他命A、C和鈣質，維他命A可以防止皮膚粗糙，維他命P則可以防止皮膚黑色素沉澱，荷蘭芹中的維他命B_1、B_2對增強精力和消除疲勞有效，蕃茄則含有助於恢復疲勞的天然蛋白質，維他命B_1、B_2、B_6等成分，有助於促進體內的新陳代謝。

蕃茄生菜汁

材料：蕃茄一顆，生菜一百公克，芹菜五十公克，蜂蜜一小匙，檸檬汁一小匙。

做法：將以上材料洗淨，放入榨汁機中榨汁，再加入蜂蜜、檸檬汁拌勻即可。

功效：生菜含有豐富的維他命A、B_1、B_2、鈣和鈉等礦物質，可使腦神經活躍，常飲用此一果菜汁，會使血液呈鹼性反應，對於皮膚粗糙、脾氣焦躁具有功效。

鳳梨高麗菜汁

材料：鳳梨半顆，高麗菜一百公克，蜂蜜一大匙，檸檬汁一小匙，冷開水適量。

做法：將以上材料洗淨，鳳梨去皮去核與高麗菜及冷開水放入果汁機中打勻，再加入蜂蜜及檸檬汁拌勻即可。

功效：鳳梨含有分解蛋白質的酵素，對於胃潰瘍、十二指腸潰瘍、慢性胃炎、便秘有效，此一果菜汁又含大量的粗纖維，可以幫助消化、預防便秘，也是美容聖品，具有減肥效果。

小黃瓜梨子汁

材料： 小黃瓜二根，梨子一顆，蜂蜜一大匙，檸檬汁一小匙，冷開水適量。

做法： 將以上材料洗淨，梨子削皮去核，與其他材料一起放入果汁機中打勻後，再加入蜂蜜、檸檬汁拌勻即可。

功效： 小黃瓜可以減輕宿醉帶來的不適，梨子則含有能消除疲勞的天然蛋白質，可以降低酒精之作用，果肉中微粒砂狀成分，可以刺激腸子，引發便意，對於飲酒後的口乾舌燥，也十分有效

小叮嚀： 此一果菜汁性冷，對容易拉肚子或有虛寒症的人，需控制飲量。

小黃瓜薑汁

材料：小黃瓜二根，薑汁一小匙，蜂蜜一大匙，檸檬汁一小匙，冷開水適量。

做法：將小黃瓜洗淨，與薑汁、冷開水放入果汁機中打勻後，再加入蜂蜜、檸檬汁拌勻即可。

功效：食用小黃瓜爲避免因過冷，而引起的腹瀉，加入薑汁，不但清涼消暑並可以軟化大便，對小孩因發燒引起的拉肚子，十分有效，也有利尿、解毒功效。

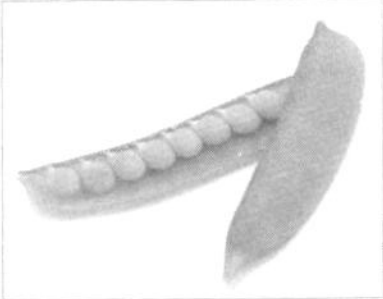

小黃瓜奇異果汁

材料：小黃瓜二根，奇異果二顆，蜂蜜一大匙，檸檬汁一小匙，冷開水適量。

做法：將以上材料洗淨，奇異果削皮，與小黃瓜、冷開水一起放入果汁機中打勻後，再加入蜂蜜、檸檬汁拌勻即可。

功效：小黃瓜可以補充皮膚的水分，而奇異果則含有豐富的維他命C，可以淨化血液，調整身體機能，對於防止皮膚乾燥有效，具有美容的效益。

小黃瓜高麗菜汁

材料：小黃瓜二根，高麗菜一百五十公克，鳳梨半顆，蜂蜜一小匙，檸檬汁一大匙。

做法：將以上材料洗淨，鳳梨去皮去心，和小黃瓜、高麗菜一起放入榨汁機中榨汁，再加入蜂蜜、檸檬汁拌勻即可。

功效：高麗菜除了含有大量的鈣質外，也含有維他命A、B、C、K，可以使血液澄清，增強人體的抵抗力，對預防高血壓、腸胃病等疾病有效，而加上鳳梨的果菜汁，增加了豐富的纖維質，可以刺激胃腸蠕動，促進排泄。

葡萄柚高麗菜汁

材料：葡萄柚一顆，高麗菜二百公克，香菜少許，蜂蜜一大匙，檸檬汁一小匙。

做法：將以上材料洗淨，葡萄柚去皮，與其他材料放入榨汁機中榨汁，再加入一大匙的蜂蜜，一小匙檸檬汁拌勻即可。

功效：葡萄柚、高麗菜均含有豐富的纖維質，可以促進胃腸蠕動，增進體內新陳代謝。

柳橙芹菜汁

材料：柳橙一顆，芹菜五十公克，蘋果五十公克，蜂蜜一小匙，冷開水適量。

做法：將以上材料洗淨，柳橙去皮去籽，蘋果去皮去核和芹菜、冷開水一起放入果汁機中打勻，再加入蜂蜜拌勻即可。

功效：柳橙、芹菜、蘋果均可以整腸健胃，對腹瀉、體質虛弱、容易疲勞及肝臟機能衰弱者，應常飲用。

高麗菜檸檬汁

材料：高麗菜二百公克，檸檬汁五十公克，蜂蜜三大匙。

做法：將高麗菜洗淨，與檸檬汁、蜂蜜放入果汁機中打勻即可。

功效：高麗菜的碳水化合物，可以有效預防細胞老化，而檸檬中的檸檬酸，則可以活化皮膚細胞、增強體力、促進健康。

草莓芹菜汁

材料：草莓八顆，芹菜五十公克，香吉士一顆，蕃茄一顆，檸檬汁一小匙。

做法：將以上材料洗淨，草莓去蒂，香吉士剝皮去籽，與芹菜、蕃茄一起放入榨汁機中榨汁，再加入檸檬汁拌勻即可。

功效：草莓含有豐富的維他命C，可以保養皮膚，防止黑斑、雀斑產生，此一果菜汁因含大量維他命C，可以促進人體新陳代謝，有效預防感冒，對牙齦化膿也有助益。

鳳梨油菜汁

材料：鳳梨半顆，油菜一百公克，蜂蜜一大匙，檸檬汁一小匙。

做法：將以上材料洗淨，鳳梨去皮去心，與油菜一起放入榨汁機中榨汁，再加入蜂蜜及檸檬汁拌勻即可。

功效：鳳梨含有分解蛋白質的酵素，對於易患濕疹的兒童，特別有效，加上油菜可以治療便秘，對防止黑斑、雀斑、皮膚粗糙也有助益，也是一美容聖品。

木瓜柳橙汁

材料：木瓜一顆，柳橙一顆，檸檬汁一小匙，冷開水適量。

做法：將木瓜、柳橙洗淨，去皮去籽，與冷開水放入果汁機中打勻，再加入檸檬汁拌勻即可。

功效：木瓜含有豐富的維他命A、C及能幫助肉類消化、也能消除疲勞的木瓜因酵素，與柳橙的維他命C，可促進皮膚新陳代謝，使皮膚保持光潤細膩，抵抗紫外線之功能。

蘋果綜合汁

材料：蘋果一顆，橘子一顆，鳳梨一百五十公克，蜂蜜一小匙，檸檬汁一小匙。

做法：將以上材料洗淨，蘋果、鳳梨削皮去心，橘子剝皮去籽，放入榨汁機中榨汁，加入蜂蜜及檸檬汁拌勻即可。

功效：蘋果的果膠，能健胃整腸，抑制腸內異常發酵，常飲此一果汁，可以防止皮膚粗糙、治療臉上黑斑、雀斑、促進腸胃蠕動、增進食慾。

梨子鳳梨汁

材料：梨子一顆，鳳梨半顆，蜂蜜一大匙。

做法：將梨子、鳳梨洗淨，去皮去核，放入榨汁機中榨汁，再加入蜂蜜拌勻即可。

功效：梨子含有大量的天然蛋白質，可以消除身體疲勞，幫助消化，此果汁對於防止黑斑、雀斑、皮膚粗糙也有幫助，是一健康美容聖品。

蕃茄蘋果汁

材料：蕃茄二顆，蘋果一顆，優酪乳100cc，檸檬汁一小匙。

做法：將蕃茄洗淨，蘋果洗淨削皮去核，與優酪乳放入果汁機中打勻，再加入檸檬汁拌勻即可。

功效：優酪乳含有豐富的維他命B_1、B_2、蛋白質、脂肪、鈣質等成分，其中大量的乳酸菌，當其進入腸道後，能使益菌迅速增加，防止腐敗細菌增殖，使腸子蠕動正常，此一果汁是富含氨基酸的健腦飲料，促進消化液分泌，增強肝臟機能，也是肥胖者、動脈硬化、高血壓患者最佳選擇，並具美容效果。

鳳梨紅蘿蔔汁

材料： 鳳梨半顆，紅蘿蔔一百公克，豆漿100cc，蜂蜜一小匙，檸檬汁一小匙。

做法： 將鳳梨洗淨去皮去心，和洗淨後的紅蘿蔔與豆漿放入果汁機中打勻，再加入蜂蜜及檸檬汁拌勻即可。

功效： 鳳梨含有菠蘿朊脢的蛋白質分解酵素，有助於肉品消化、脂肪、蛋白質、澱粉分解，對於飲酒過量，所引起的消化不良，頗有功效，紅蘿蔔則含有水溶性纖維質，可以有效保護腸壁，適合胃腸不好者飲用。

蘋果橘子汁

材料：蘋果一顆，橘子一顆，檸檬汁一小匙，冷開水適量。

做法：將蘋果洗淨削皮去核，橘子剝皮去籽，與冷開水放入果汁機中打勻，再加入檸檬汁拌勻即可。

功效：蘋果與橘子均含豐富的纖維質、果膠，能有效的促進腸子蠕動，使排便順暢，果膠又可以增加腸內益菌、乳酸桿菌等增生，確保腸內功能正常。

紅蘿蔔蘋果汁

材料：紅蘿蔔一百公克，蘋果一顆，冷開水適量，蜂蜜一大匙，檸檬汁一小匙。

做法：將蘋果洗淨削皮去核，與洗淨後的紅蘿蔔、冷開水放入果汁機中打勻，再加入蜂蜜及檸檬汁拌勻即可。

功效：蘋果中的果膠，能促進腸內乳酸菌等益菌發酵，增加大腸菌繁殖，充份發揮腸子功效，對消化不良，所引起的痢疾有效，常飲用還可以增加抵抗力，消除眼睛疲勞。

香蕉蕃茄汁

材料：香蕉一根，蕃茄二顆，牛奶100cc，蜂蜜一小匙。

做法：將以上材料洗淨，香蕉剝皮，和蕃茄、牛奶、蜂蜜一起放入果汁機中打勻即可。

功效：香蕉糖質含量高，適用於便秘、酒醉、發燒、高血壓、冠心症、痔瘡出血等症狀者，療效顯著，蕃茄除了含有大量的維他命A、C之外，也含助於恢復疲勞的天然蛋白質酸，及促進蛋白質與脂肪新陳代謝時，所必須的維他命B_6，對於健康有益。

小叮嚀：胃痛、腹瀉、胃酸過多者及空腹時比較不宜飲用。

蕃茄鳳梨汁

材料： 蕃茄二顆，鳳梨半顆，冷開水適量，蜂蜜一小匙。

做法： 將蕃茄洗淨，鳳梨洗淨削皮去心與冷開水、蜂蜜一起放入果汁機中打勻即可。

功效： 蕃茄含有豐富的維他命B_1、B_2、C可以迅速恢復疲勞，鳳梨含有蛋白質分解酵素，適用於大量肉食者，常飲用此一果汁，不但可以促進人體新陳代謝，使皮膚光滑細緻，而且也是一美容聖品。

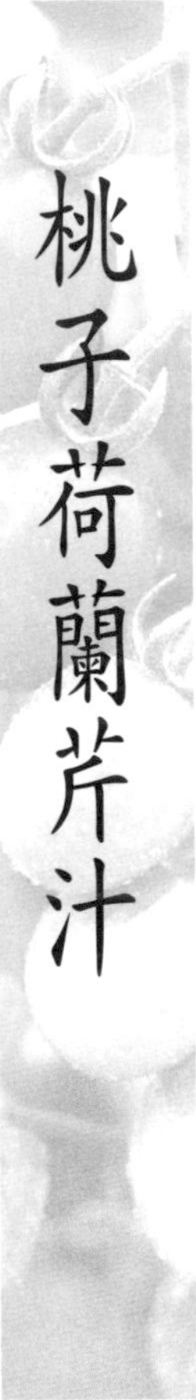

桃子荷蘭芹汁

材料：桃子一顆，荷蘭菜五十公克，優酪乳50ｃｃ，蜂蜜二大匙，檸檬汁一小匙。

做法：將桃子洗淨去籽，和洗淨後的荷蘭芹、優酪乳一起放入果汁機中打勻，再加入蜂蜜、檸檬汁拌勻即可。

功效：桃子中豐富的磷、鈣、鐵等礦物質及少量的維他命Ａ、B_1，B_2，Ｃ及消除疲勞的天然蛋白質，荷蘭芹則含有豐富的維他命Ａ、B_1、B_2、Ｃ、鈣、磷、鐵等礦物質，對貧血者有益，可以預防皮膚粗糙。此一果菜汁，含有大量的纖維質和優酪乳中的乳酸菌，可以促進腸子蠕動，使排便順暢。

油菜荷蘭芹汁

材料：油菜一百五十公克，荷蘭菜五十公克，蘋果一顆，蜂蜜一大匙，檸檬汁一小匙。

做法：將以上材料洗淨，蘋果去皮去核，和油菜、荷蘭芹放入榨汁機榨汁，再加入蜂蜜、檸檬汁拌勻即可。

功效：油菜含有大量的維他命A、B_1、B_2、C、鈣、磷、鐵等礦物質成分，可以提高對感冒的抵抗力，改善體質，促進健康，預防皮膚粗糙，並使焦躁的神經安定下來。其屬一鹼性食品，對於高血壓、糖尿病等慢性病有效。此一果菜汁含有豐富的葉紅素、維他命B_1、B_2與C，可以美化肌膚，使肌膚更具光澤。

柚子蘋果汁

材料：柚子一顆，蘋果一顆，冷開水適量，蜂蜜一大匙。

做法：將柚子洗淨去皮去籽，蘋果洗淨削皮去核，加入冷開水、蜂蜜放入果汁機中打勻即可。

功效：此一果菜汁能使人體新陳代謝作用旺盛，是夏季預防疲勞的最佳飲料，更能有效防止雀斑及日曬後的後遺症。

紅蘿蔔生菜汁

材料：紅蘿蔔二百公克，生菜一百五十公克，蘋果一顆，蜂蜜一小匙，檸檬汁一小匙。

做法：將以上材料洗淨，蘋果去皮去核，和紅蘿蔔、生菜，一起放入榨汁機中榨汁，再加入蜂蜜及檸檬汁拌勻即可。

功效：生菜含有豐富的維他命A、B_1、B_2、鈣、鈉等礦物質，能促進腦神經活躍，使血液呈鹼性反應，對皮膚粗糙，脾氣焦躁者有益。

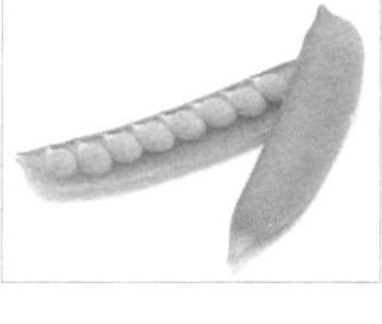

花椰菜蘋果汁

材料：綠花椰菜一百公克，蘋果一顆，荷蘭芹二十公克，蜂蜜一大匙，檸檬汁一小匙。

做法：綠花椰菜連莖、葉洗淨，蘋果洗淨削皮去核，和洗淨後的荷蘭芹，放入榨汁機中榨汁，再加入蜂蜜、檸檬汁拌勻即可。

功效：綠花椰菜含有大量的維他命A、C、葉綠素，有清血作用，能調節身體機能，預防皮膚粗糙，具有美容效益，對眼睛疲勞、高血壓、血管硬化也有助益。

小叮嚀：花椰菜的莖和葉所含的維生素A、C遠比花的部分豐富，棄之可惜。

奇異果鳳梨汁

材料：奇異果二顆，鳳梨半顆，養樂多一瓶，蜂蜜一小匙。

做法：將奇異果洗淨去皮，鳳梨洗淨削皮去心與養樂多、蜂蜜，放入果汁機中打勻即可。

功效：奇異果含有豐富的維他命C、E和鉀質與鳳梨中的蛋白質分解素，可以有效的防止皮膚老化。

芹菜青椒汁

材料： 芹菜五十公克，青椒二個，鳳梨1／4顆，蕃茄一顆，蜂蜜一小匙，檸檬汁一小匙。

做法： 將以上材料洗淨，蘋果去皮去核，鳳梨去皮去心，青椒去籽，和芹菜、蕃茄放入榨汁機中榨汁，再加入蜂蜜、檸檬汁拌勻即可。

功效： 青椒含有豐富的維他命A、B_1、B_2、C及大量葉綠素，能提高身體抵抗力，迅速恢復體力，有效預防高血壓，也能使皮膚光澤美麗，加入芹菜中所含豐富的維他命C，可以有效預防便秘，對日曬後皮膚的恢復也具功效。

水蜜桃蘋果汁

材料：水蜜桃一個，蘋果一顆，可爾必思100cc，檸檬汁一小匙。

做法：水蜜桃洗淨去籽，蘋果洗淨削皮去核，與可爾必思，放入果汁機中打勻，再加入檸檬汁拌勻即可。

功效：水蜜桃可以生津解熱、益氣活血、養顏美容，此一果汁對體虛及便秘者是一理想滋補飲品。

蘋果甘蔗汁

材料：甘蔗汁100cc，蘋果一顆，檸檬汁一小匙。

做法：蘋果洗淨削皮去核，和甘蔗汁，放入果汁機中打勻，再加入檸檬汁拌勻即可。

功效：甘蔗具有清涼降火，對口乾舌燥、反胃嘔吐、赤尿、便秘者有顯著功效。

百香果麥片汁

材料：百香果二顆，麥片一大匙，冷開水適量，蜂蜜一大匙，檸檬汁一小匙。

做法：百香果洗淨挖果肉，和麥片、冷開水放入果汁機中打勻，再加入蜂蜜、檸檬汁拌勻即可。

功效：百香果含有大量的脂肪與蛋白質，可以使皮膚光滑柔嫩。

香蕉紅豆汁

材料：香蕉一根，熟紅豆三大匙，養樂多一瓶，蜂蜜一小匙。

做法：香蕉洗淨剝皮，加上熟紅豆、養樂多、蜂蜜，一起放入果汁機中打勻即可。

功效：紅豆含有特殊纖維質，可以利尿，加上養樂多中的乳酸菌作用，有助於排便，預防便秘。

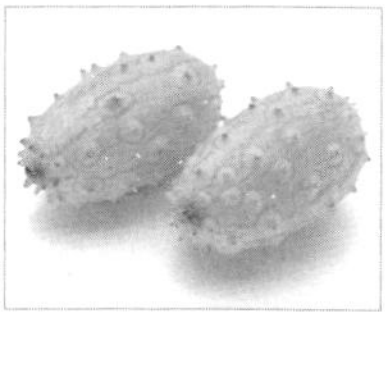

鳳梨葡萄柚汁

材料：鳳梨二百公克，葡萄柚一顆，蜂蜜二大匙。

做法：將鳳梨洗淨去皮去心，和洗淨後去皮的葡萄柚，放入榨汁機中榨汁，再加入蜂蜜拌勻即可。

功效：鳳梨含有機酸和葡萄柚的高纖維質，可以促進腸胃蠕動，幫助消化，豐富的維他命C，可以迅速消除疲勞，兼具美容效果。

山葵鳳梨汁

材料：山葵一百公克，鳳梨二百公克，芹菜二十公克，蜂蜜二大匙，檸檬汁一小匙。

做法：將以上材料洗淨，鳳梨去皮去心，和山葵、芹菜，放入榨汁機中榨汁，再加入蜂蜜及檸檬汁拌勻即可。

功效：山葵含有人體吸收鈣質時，所需的維他命A和C，加上鳳梨，可以促進人體的新陳代謝，而且檸檬中的檸檬酸，會使其功能更爲旺盛。

荔枝蘋果汁

材料： 荔枝五顆，蘋果一顆，蜂蜜一小匙。

做法： 將以上材料洗淨，蘋果削皮去核，和去皮去籽的荔枝，放入榨汁機中榨汁，再加入蜂蜜拌勻即可。

功效： 荔枝具有清肺補氣，促進血液循環的功效，對血壓太低者，具有正面的作用。

小叮嚀： 荔枝易上火，不宜多吃，否則容易流鼻血。

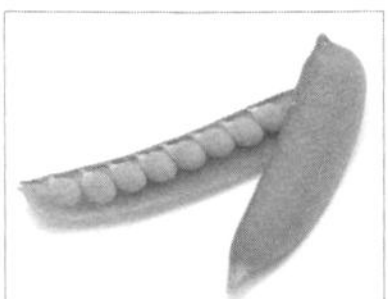

芹菜絲瓜汁

材料：芹菜五十公克，絲瓜一條，蜂蜜一大匙，檸檬汁一小匙。

做法：將以上材料洗淨，絲瓜去皮去籽，與芹菜一起放入榨汁機中榨汁，再加入蜂蜜、檸檬汁拌勻即可。

功效：絲瓜性涼，具有清肺化痰的功能，能夠促進腸胃蠕動，對便秘或喉嚨痛，都具有顯著的功效。

小叮嚀：對於腹瀉者，則不宜飲用。

蘆薈芹菜汁

材料：蘆薈五十公克，芹菜五十公克，蘋果一顆，蜂蜜一大匙，檸檬汁一小匙。

做法：將以上材料洗淨，蘋果削皮去核，蘆薈取果肉，與芹菜一起放入榨汁機中榨汁，再加入蜂蜜、檸檬汁拌勻即可。

功效：蘆薈含有大量的維他命C，具有養顏美容的效果，對預防便秘很有功效。

增強抵抗力．補充維他命

芹菜洋蔥汁

材料：芹菜五十公克，洋蔥一個，紅蘿蔔一百公克，蜂蜜一大匙，檸檬汁一小匙。

做法：將以上材料洗淨，洋蔥去皮，和芹菜、紅蘿蔔放入榨汁機中榨汁，再加入蜂蜜、檸檬汁拌勻即可。

功效：芹菜含有豐富的維他命B_1、B_2，維他命B_1可以調合腦神經功能，使神經安定，對治療失眠有效，維他命B_2則對精力，體力不足者最適合，常飲用此一果菜汁，能有效提高對疾病的抵抗力，增強精力，效果顯著。

花椰菜紅蘿蔔汁

材料：花椰菜一百公克，紅蘿蔔一百公克，蜂蜜二大匙，檸檬汁一小匙。

做法：花椰菜連莖、葉洗淨，和洗淨的紅蘿蔔，放入榨汁機中榨汁，再加入蜂蜜、檸檬汁拌勻即可。

功效：花椰菜含大量的維他命C、葉綠素，能提高免疫力、增強體力，經常飲用可以改變體質，另外對高血壓及失眠也具功效。

草莓高麗菜汁

材料：草莓一百公克，高麗菜一百公克，蘋果一顆，蜂蜜一大匙，檸檬汁一小匙。

做法：將以上材料洗淨，草莓去蒂，蘋果洗淨削皮去核，與高麗菜，一起放入榨汁機中榨汁，再加入蜂蜜、檸檬汁拌勻即可。

功效：高麗菜含有豐富的維他命B、C、K、鈣質等酵素，可消除腸胃障礙、預防感冒、減輕疲勞，而草莓素有「維他命C之王」之美譽，對美容健康有益，多飲用此一果菜汁，除了具有美容效果，對臉上長痘痘者也有功效。

橘子紅蘿蔔汁

材料：橘子一顆，紅蘿蔔二百公克，橘皮少許，蜂蜜一小匙。

做法：將紅蘿蔔洗淨，和洗淨後剝皮去籽的橘子，切碎的橘皮，一起放入榨汁機中榨汁，再加入蜂蜜拌勻即可。

功效：此一果菜汁，能增強身體的抵抗力，可以有效預防感冒，更可防止皮膚粗糙，對老年人更合適，可說是長壽果菜汁。

柳橙紅蘿蔔汁

材料：柳橙二顆，紅蘿蔔二百公克，蜂蜜一小匙，檸檬汁一小匙。

做法：將紅蘿蔔洗淨，和洗淨後剝皮去籽的柳橙，放入榨汁機中榨汁，再加入蜂蜜、檸檬汁拌勻即可。

功效：柳橙含有豐富的維他命C、P，可以增強身體的抵抗力，降低膽固醇，對高血壓、動脈硬化患者有益，又有去油膩、解酒、治便秘的功效。

香瓜高麗菜汁

材料：香瓜一個，高麗菜一百五十公克，蜂蜜一大匙。

做法：將以上材料洗淨，香瓜削皮去籽，與高麗菜，放入榨汁機中榨汁，加入蜂蜜拌勻即可。

功效：香瓜、高麗菜均含有豐富的礦物質，有助於人體新陳代謝，增強抵抗力。

蕃茄萵苣汁

材料：蕃茄一個，萵苣一百公克，蜂蜜一大匙，檸檬汁一小匙，冷開水半杯。

做法：將以上材料洗淨，和冷開水，一起放入果汁機中打勻後，再加入蜂蜜、檸檬汁拌勻即可。

功效：蕃茄含有豐富的維他命C和鐵質，可以增強抵抗力，降低血壓，而萵苣則含有豐富的維他命E，可以補充人體所需的養分。

香蕉葡萄柚汁

材料：香蕉一根，葡萄柚一顆，蜂蜜一大匙。

做法：將以上材料洗淨，葡萄柚去皮，與剝皮後香蕉，放入榨汁機中榨汁，再加入一大匙的蜂蜜拌勻即可。

功效：香蕉、葡萄柚均含豐富的維他命C，可補充一日之所需，促進身體健康。

香蕉橘子汁

材料：香蕉一根，橘子一顆，蜂蜜一小匙，冷開水適量。

做法：橘子洗淨剝皮去籽，香蕉去皮和冷開水，一起放入果汁機中打勻，再加入一小匙的蜂蜜拌勻即可。

功效：香蕉、葡萄柚均含有豐富的維他命C，而且卡路里極高，適合幼兒和發育中青少年飲用，對於過度疲勞者，可迅速補充體力。

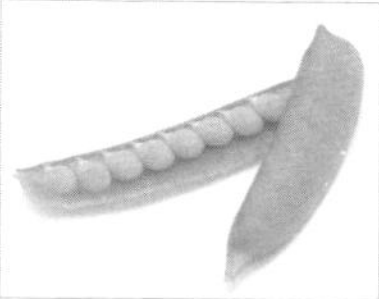

蘆筍蘋果汁

材料：綠蘆筍五根，蘋果一顆，芹菜（含葉）三十公克，蜂蜜一小匙，檸檬汁一小匙。

做法：將以上材料洗淨，蘋果削皮去核，綠蘆筍整根（含下面白而硬的部分）及其它材料，一起放入榨汁機中榨汁，再加入蜂蜜與檸檬汁拌勻即可。

功效：綠蘆筍含有豐富的維他命A、B_1、C、磷、天然蛋白質和葉綠素，可以消除身體疲勞，加入蘋果中豐富的維他命A、B_1、B_2、C，能有效強化血管、淨化血液、降低血壓、消除疲勞。

小叮嚀：蘆筍是一酸性食品，不宜攝取過多。

草莓蛋白汁

材料：草莓10顆，蛋白一個，蜂蜜二大匙，檸檬汁一小匙，冷開水半杯。

做法：將草莓洗淨去蒂，與蛋白、冷開水放入果汁機中打勻，加入蜂蜜及檸檬汁拌勻即可。

功效：草莓含有豐富的維他命C、果糖和葡萄糖，而蛋白則含有大量的維他命B_2，可以補充一日之所需，增強體能，促進健康。

百香果鳳梨汁

材料：百香果二顆，鳳梨半顆，冷開水適量，蜂蜜二大匙。

做法：鳳梨洗淨削皮去心，百香果挖出果肉與冷開水、蜂蜜放入果汁機中打勻即可。

功效：百香果與鳳梨均含有豐富的維他命C，可有效改善虛弱體質，增進健康。

鳳梨柳橙汁

材料：鳳梨半顆，柳橙一顆，冷開水適量，蜂蜜一小匙。

做法：鳳梨洗淨削皮去心，柳橙洗淨去皮去籽，與冷開水、蜂蜜，一起放入果汁機中打勻即可。

功效：鳳梨含有可以分解動物蛋白質的成分，可防止老化細胞的堆積，柳橙則含有豐富的維他命C，可以活化肌膚，補充人體所需。

無花果蘋果汁

材料：無花果一顆，蘋果一顆，蘿蔔葉十公克，蜂蜜一大匙。

做法：將以上材料洗淨，蘋果削皮去核和無花果、蘿蔔葉，一起放入榨汁機中榨汁，加入蜂蜜拌勻即可。

功效：無花果含有豐富的鈣質，和大量碳水化合物分解酵素——澱粉脢，脂肪分解酵素——脂脢及蛋白質分解酵素——蛋白脢等消化酵素，有助於腸胃正常運作，具有健胃整腸的功效，加上含有檸檬酸的蘋果，可以幫助鈣質的吸收，而且蘿蔔的葉部比根部含有更多的維他命及鈣質等礦物質。

柿子蘋果汁

材料：柿子一顆，蘋果一顆，荷蘭芹二十公克，蜂蜜一小匙，檸檬汁一小匙。

做法：將以上材料洗淨，蘋果削皮去核和去籽的柿子、荷蘭芹，一起放入榨汁機中榨汁，加入蜂蜜、檸檬汁拌勻即可。

功效：此一果菜汁，含有大量的鈣質，可以補充人體所需，荷蘭芹則含人體不可或缺的營養素－礦物質，常飲用可以促進身體健康。

水梨香蕉汁

材料：水梨一顆，香蕉一根，蘋果一顆，蜂蜜一小匙。

做法：將以上材料洗淨，蘋果削皮去核，水梨去皮去核，與剝皮的香蕉，放入榨汁機中榨汁，加入蜂蜜拌勻即可。

功效：香蕉含有大量的果糖、葡萄糖是一營養果汁，加上水梨中豐富的維他命C，可以增強抵抗力，適合發育中的孩童飲用。

止咳化痰‧潤肺降火

水梨芹菜汁

材料： 水梨一顆，西洋芹一百公克，蜂蜜一大匙，檸檬汁一小匙。

做法： 將以上材料洗淨，水梨削皮去核和西洋芹，一起放入榨汁機中榨汁後，再加入蜂蜜、檸檬汁拌勻即可。

功效： 水梨含有潤肺、消痰、止咳、降火等功效，適用於咳嗽痰喘者飲用，對於眼睛紅腫、疼痛亦有特殊療效。

 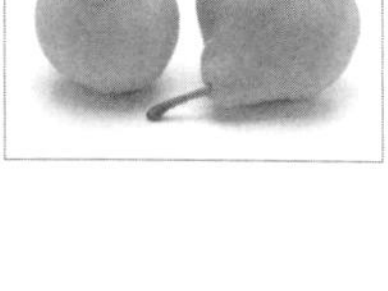  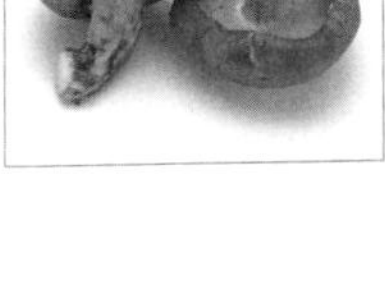

蓮藕薑汁

材料：蓮藕一百公克，薑汁三大匙，蜂蜜二大匙。

做法：蓮藕洗淨削皮，放入榨汁機中榨汁後，再加入薑汁、蜂蜜拌勻即可。

功效：蓮藕含有豐富的維他命C、磷、鐵、單寧酸及天然蛋白質等成分，可以止咳化痰，對神經疼痛，風濕症有效，具有良好的消炎效果，對咳嗽尤其有效，加入薑汁對化痰更具功效。

梨子蓮藕汁

材料：梨子一顆，蓮藕一百五十公克，蜂蜜一大匙。

做法：蓮藕洗淨削皮，和洗淨後削皮去籽的梨子，放入榨汁機中榨汁後，再加入蜂蜜拌勻即可。

功效：梨子具有止渴、止咳、去燥熱、去痰、消除喉嚨疼痛、扁桃腺發炎及喉嚨發炎等功效，對治療發燒更有效果。

金橘紅蘿蔔汁

材料：金橘五顆，紅蘿蔔二百公克，蜂蜜三大匙，檸檬汁一小匙。

做法：將紅蘿蔔、金橘洗淨，放入榨汁機中榨汁，再加入蜂蜜、檸檬汁拌勻即可。

功效：金橘含有豐富的維他命C、鈣質與葉紅素，能增強毛細血管功能、預防感冒、防止動脈硬化、並有效緩和喉嚨發炎的症狀，而紅蘿蔔可使身體產生溫熱感，對於止咳有效用，檸檬中的維他命C，更可以增強對感冒的抵抗力。

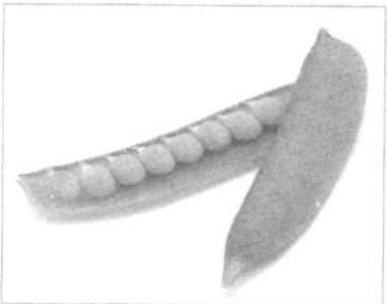

枇杷蜂蜜汁

材料：枇杷十顆，蜂蜜三大匙，冷開水適量。

做法：將枇杷洗淨剝皮去籽，再加入蜂蜜、冷開水放入果汁機中打汁即可。

功效：枇杷有鎮咳化痰功效，兼具美容，消除疲勞的功能。

芹菜蓮藕汁

材料：芹菜五十公克，蓮藕一百五十公克，蘋果一顆，蜂蜜二小匙，檸檬汁一小匙。

做法：將以上材料洗淨，蓮藕削皮，蘋果削皮去核，加入芹菜，放入榨汁機中榨汁後，再加入蜂蜜、檸檬拌勻即可。

功效：蓮藕性涼具有解熱、止咳之效果，感冒時多飲用可加速痊癒。

水梨菠菜汁

材料：水梨一顆，菠菜一百五十公克，蜂蜜一小匙，檸檬汁一小匙。

做法：將以上材料洗淨，水梨削皮去核與菠菜，一起放入榨汁機中榨汁後，再加入蜂蜜、檸檬汁拌勻即可。

功效：水梨具有去熱降火的功效，菠菜可以止渴潤喉，多飲用此一果菜汁，可以補充人體所需的維他命A、B、C、鐵質及纖維質。

小叮嚀：對於氣虛體弱或是有虛寒者，最好不要飲用。

楊桃鳳梨汁

材料：楊桃一顆，鳳梨二百公克，蜂蜜二大匙。

做法：鳳梨洗淨削皮去心，與洗淨後的楊桃，一起放入榨汁機中榨汁，再加入蜂蜜拌勻即可。

功效：常飲用此一果汁，具有清肺潤喉的功效，對於止咳化痰具有療效。

預防貧血・改善虛寒

蕃茄紅蘿蔔汁

材料：蕃茄一顆，紅蘿蔔一百公克，蘋果一顆，蜂蜜一小匙，檸檬汁一小匙。

做法：將以上材料洗淨，蘋果洗淨削皮去核，和蕃茄、紅蘿蔔，一起放入榨汁機中榨汁，再加入蜂蜜、檸檬汁拌勻即可。

功效：蕃茄含有豐富的維他命A、C，也含有大量的鈉和鐵質，適合貧血者飲用，紅蘿蔔可以增強人體的抵抗力，補充體能，對營養障礙的兒童及孕婦特別有助益。

油菜紅蘿蔔汁

材料：油菜一百公克，紅蘿蔔一百公克，橘子一顆，蜂蜜一小匙，檸檬汁一小匙。

做法：將以上材料洗淨，蘋果削皮去核，橘子剝皮去籽，和油菜、紅蘿蔔，一起放入榨汁機中榨汁，再加入蜂蜜、檸檬汁拌勻即可。

功效：油菜含有豐富的葉紅素、維他命A、B_1、B_2、C、鈣、磷及鐵質，營養豐富，對於預防貧血和治療很具功效，而且還可以治療臉上雀斑，是一美容最佳飲品，對於增強感冒的抵抗力，改善體質和促進健康，很有助益。

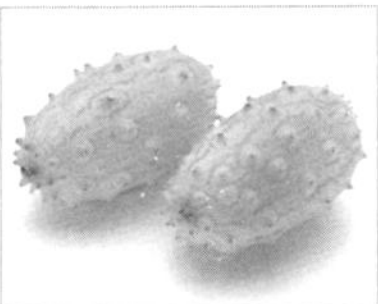

菠菜蘋果汁

材料：菠菜一百公克，蘋果一顆，牛奶100cc，蜂蜜一大匙，檸檬汁一小匙。

做法：將以上材料洗淨，蘋果削皮去核，與菠菜（含紅色根部）和牛奶，放入果汁機中打勻，再加入蜂蜜與檸檬汁拌勻即可。

功效：菠菜含有豐富的鈣、磷、鐵等礦物質及維他命A、B_1、C，能有效調節身體機能，對於貧血及虛寒症者有效。

小叮嚀：因菠菜含有蓚酸，加入牛奶有軟化它的作用，需控制飲量，否則容易引起結石。

芹菜萵苣汁

材料：芹菜（含葉）一百公克，萵苣一百公克，蘋果一百公克，蜂蜜二大匙，檸檬汁一大匙。

做法：將以上材料洗淨，蘋果削皮去核，和芹菜、萵苣，一起放入榨汁機中榨汁後，再加入蜂蜜、檸檬拌勻即可。

功效：萵苣中的銅和鐵有造血的功能，錳可以使神經肌肉活躍，常飲用此一果菜汁，對貧血、皮膚粗糙者有效，也具有清血作用，對肉食者及蔬菜攝食不足者，更應多飲。

蘆筍高麗菜汁

材料：綠蘆筍六根，高麗菜一百五十公克，蘇打水100cc，蜂蜜一小匙。

做法：將以上材料洗淨，加入蘇打水和蜂蜜，放入果汁機中打勻即可。

功效：綠蘆筍含有豐富的補充造血時所缺的鐵質，可以預防貧血，也可使毛細血管更堅固，有效預防高血壓、動脈硬化，常飲用此一果菜汁，具有護牙功效，有效預防蛀牙，因其含有大量的鈣質及維他命C。

百香果葡萄柚汁

材料：百香果一顆，葡萄柚一顆，養樂多1瓶。

做法：將洗淨後的百香果挖果肉，和洗淨後去皮的葡萄柚、養樂多，放入果汁機中打勻即可。

功效：百香果含有造血時不可缺的維他命B_1、鐵及豐富的礦物質，適合貧血者飲用，尤其適合剛開刀過後的病患，和產婦飲用。

小叮嚀：此果汁不可過量，以免拉肚子。

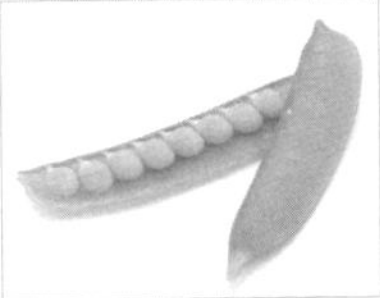

蘋果薑汁

材料：蘋果一顆，薑汁一大匙，紅蘿蔔一百公克，蜂蜜一小匙。

做法：將以上材料洗淨，蘋果削皮去核，和紅蘿蔔，一起放入榨汁機中榨汁，再加入薑汁與蜂蜜拌勻即可。

功效：常飲用此一果菜汁，能促進血液循環，對於治療虛寒症，效果顯著。

蕃茄百香果汁

材料：蕃茄一顆，百香果二顆，蜂蜜二大匙，檸檬汁一大匙。

做法：將洗淨後的百香果挖果肉，與洗淨後的蕃茄，放入果汁機中打勻，再加入蜂蜜與檸檬汁拌勻即可。

功效：常飲用此一果汁，可以改善身體虛寒，四肢冰冷的症狀。

紅蘿蔔花椰菜汁

材料： 紅蘿蔔一百公克，綠花椰菜一百五十公克，蜂蜜二大匙，檸檬汁一小匙。

做法： 將以上材料洗淨，放入榨汁機中榨汁，再加入蜂蜜、檸檬汁拌勻即可。

功效： 此一果菜汁含有豐富的葉紅素，可以增強抵抗力，改善虛弱體質，有效預防胃潰瘍，改善貧血症狀，對血壓控制也有效益，適合高血壓或失眠症者飲用，也可以增進視力，促進美容效果。

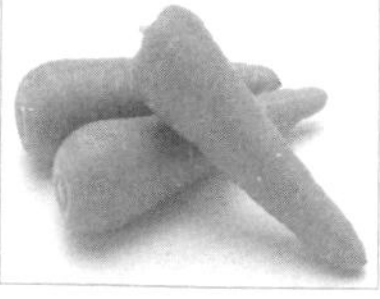

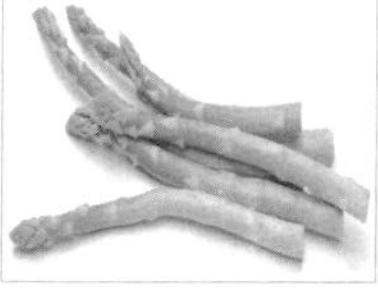

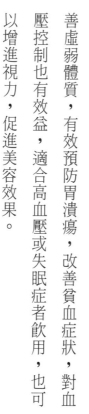

無花果銀杏汁

材料：無花果一顆，銀杏二顆，蘋果一顆，蜂蜜一大匙。

做法：將以上材料洗淨，蘋果削皮去核，與去籽的無花果和銀杏，放入榨汁機中榨汁，再加入蜂蜜拌勻即可。

功效：銀杏含有豐富的維他命A，具有止咳功效，加上無花果中含有人體所需的均衡維他命和礦物質，對預防貧血有效，又可以幫助消化，是一美容保健果汁。

菠菜芹菜汁

材料：菠菜一百公克，芹菜三十公克，紅蘿蔔一百公克，牛奶100cc，蜂蜜一大匙，檸檬汁一小匙。

做法：將以上材料洗淨，放入榨汁機中榨汁，再加入牛奶，蜂蜜與檸檬汁拌勻即可。

功效：此一果菜汁能有效調節身體機能，預防貧血，加入牛奶可使鉀質蔬菜變得更可口。

萵苣高麗菜汁

材料：萵苣一百五十公克，高麗菜一百五十公克，蘋果一顆，蜂蜜一大匙。

做法：將以上材料洗淨，蘋果削皮去核，與其他材料，一起放入榨汁機中榨汁，再加入蜂蜜拌勻即可。

功效：萵苣含有豐富的維他命E，有抗癌效果，高麗菜則含大量的氯，可以健胃整腸，此一果菜汁對於淨化血液、增強體力、治療貧血有效，尤其對於減肥更有特殊效果。

利尿消腫・消暑止渴

小黃瓜鳳梨汁

材料：小黃瓜二根，鳳梨一百五十公克，檸檬汁二大匙。

做法：洗淨後的鳳梨去皮去心，與洗淨後的小黃瓜，放入榨汁機中榨汁，再加入檸檬汁拌勻即可。

功效：鳳梨含有蛋白質分解酵素，能幫助肉類消化，小黃瓜有利尿、消腫的功效，檸檬能強肝、解毒，還有防止過胖的功能。

芹菜鳳梨汁

材料：芹菜一百公克，鳳梨二百公克，蜂蜜一大匙，檸檬汁一小匙。

做法：洗淨後的鳳梨去皮去心，與洗淨後的芹菜，放入榨汁機中榨汁，再加入蜂蜜和檸檬汁拌勻即可。

功效：芹菜具有消炎，降血壓和利尿的功能。

苦瓜鳳梨汁

材料：苦瓜一百公克，鳳梨二百公克，蜂蜜一大匙，檸檬汁一小匙。

做法：洗淨後的鳳梨去皮去心，與洗淨後去籽的苦瓜，放入榨汁機中榨汁，再加入蜂蜜和檸檬汁拌勻即可。

功效：苦瓜中的維他命B_1含量居瓜類之首，具有清熱消炎、明目、利尿和消除疲勞等功效。

哈密瓜芹菜汁

材料： 哈密瓜一顆，芹菜（含葉）一百公克，蜂蜜一大匙，檸檬汁一小匙。

做法： 將哈密瓜洗淨去皮去籽，與洗淨後的芹菜，放入榨汁機中榨汁，再加入蜂蜜、檸檬汁拌勻即可。

功效： 芹菜中的維他命A、B、C、P，能健胃利尿，清熱止咳。

葡萄柚芹菜汁

材料：葡萄柚一顆，芹菜一百公克，紅蘿蔔一百公克，蜂蜜一大匙，檸檬汁一小匙。

做法：將以上材料洗淨，葡萄柚去皮，與芹菜、紅蘿蔔放入榨汁機中榨汁，再加入蜂蜜、檸檬拌勻即可。

功效：葡萄柚含豐富的維他命C和纖維質，可以促進腸子蠕動，幫助排便，芹菜則可以利尿，降低血壓，對於因高血壓，排便不良所引起的肥胖者，適合多飲。

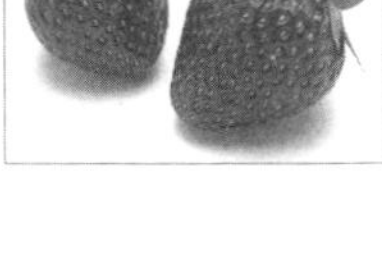

西瓜紅蘿蔔汁

材料：西瓜二百公克，紅蘿蔔二百公克，檸檬汁一小匙。

做法：將以上材料洗淨，西瓜去皮去籽，和紅蘿蔔，放入榨汁機中榨汁，再加入檸檬汁拌勻即可。

功效：西瓜含有豐富的鉀，有利尿功效，並可以有效消除因內臟疾病所引起的浮腫，紅蘿蔔中的維他命A、鐵質係造血原料，可以預防貧血和明目功效，此一果菜汁適合容易口乾舌燥，而且對於不可以喝太多水的腎臟病患者飲用，至於因心臟病、腎臟病等疾病所引起的浮腫最爲有效。

香瓜芹菜汁

材料：香瓜一顆，芹菜一百公克，蜂蜜一大匙，檸檬汁一小匙。

做法：洗淨後的香瓜去皮去籽，與洗淨後的芹菜，放入榨汁機中榨汁，再加入蜂蜜和檸檬汁拌勻即可。

功效：香瓜和芹菜均含有豐富的維他命A和多種礦物質，可以增強身體的抵抗力，多飲用此一果菜汁，除了有利尿作用，對於身體浮腫者有效，還可以提升廢物排泄。

苦瓜蜜汁

材料：苦瓜二百公克，蜂蜜三大匙。

做法：將洗淨後的苦瓜去籽，放入榨汁機中榨汁，再加入蜂蜜拌勻即可。

功效：苦瓜具有鬆弛神經效果，又可清涼退火，具有解熱作用，對於夏日所引起的心浮氣躁，頭昏腦脹有效。

西瓜高麗菜汁

材料： 西瓜二百公克，高麗菜一百五十公克，蜂蜜一大匙，檸檬汁一小匙。

做法： 將以上材料洗淨，西瓜去皮去籽，和高麗菜一起放入榨汁機中榨汁，再加入蜂蜜、檸檬汁拌勻即可。

功效： 此一果菜汁可以排除體內多餘的鹽分，對於腎臟病、水腫和腳氣病症狀者有效，另外對飲酒過量或有宿醉者，也有促進酒精分解的作用。

葡萄芒果汁

材料：葡萄15顆，芒果一顆，蜂蜜一大匙，檸檬汁一小匙，冷開水100cc。

做法：將葡萄洗淨去皮去籽，芒果洗淨削皮去籽，和蜂蜜、冷開水，放入果汁機中打勻，再加入檸檬汁拌勻即可。

功效：此一果汁含有豐富的維他命C、葡萄糖，具有補血、利尿作用，也有開胃的功效。

小叮嚀：對於皮膚容易過敏者，不宜多飲。

桃子紅豆汁

材料：桃子一顆，熟紅豆五十公克，豆漿100cc，蜂蜜一大匙。

做法：將洗淨桃子去籽，加上熟紅豆和豆漿、蜂蜜放入果汁機中打勻即可。

功效：紅豆含有豐富的纖維質及配糖體，有利尿、解毒、助排便的功效，特別是針對容易肥胖體質，所引發的腎臟病、心臟病和腳氣病有特殊效益，並可防止皮下脂肪囤積。

油菜蘋果汁

材料：油菜二百公克，蘋果一顆，蜂蜜一大匙，檸檬汁一小匙。

做法：將洗淨後的蘋果削皮去核，與洗淨後的油菜，放入榨汁機中榨汁，再加入蜂蜜與檸檬汁拌勻即可。

功效：油菜有活血、化痰、消腫的功效，對於口腔潰瘍、牙齦容易出血者應該經常飲用。

小玉鳳梨汁

材料：小玉西瓜二百公克，鳳梨二百公克，牛奶100cc，蜂蜜一小匙。

做法：將以上材料洗淨，小玉西瓜去皮去籽，鳳梨削皮去心，與牛奶、蜂蜜，一起放入果汁機中打汁即可。

功效：小玉西瓜味甜多汁，有消煩止渴、清熱利尿、治療痔瘡等多重功效，是一消暑清涼飲料。

香蕉葡萄汁

材料：香蕉一根，葡萄十五顆，柳橙一顆，蜂蜜一小匙，冷開水50ｃｃ。

做法：將以上材料洗淨，葡萄去皮去籽，柳橙剝皮去籽，香蕉剝皮，加入蜂蜜和冷開水，放入果汁機中打勻即可。

功效：此一果汁有益氣補血，明目降壓的作用，還可以改善便秘。

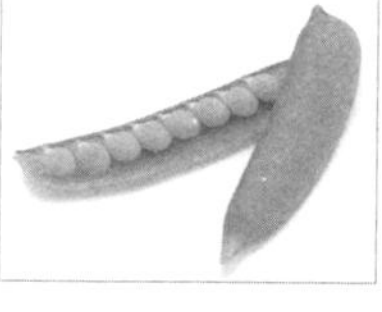

西瓜金橘汁

材料：西瓜二百公克，金橘三顆，蜂蜜二大匙，冷開水適量。

做法：將以上材料洗淨，西瓜去皮去籽與金橘、蜂蜜、冷開水，一起放入果汁機中打勻即可。

功效：西瓜具有利尿的作用，對腎臟病者十分有效，此一果汁因含豐富的果糖及葡萄糖，可以迅速消除疲勞，恢復體力。

草莓葡萄柚汁

材料：草莓10顆，葡萄柚一顆，蜂蜜一大匙，冷開水適量。

做法：將以上材料洗淨，草莓去蒂，葡萄柚去皮，加上蜂蜜、冷開水，放入果汁機中打勻即可。

功效：常飲用此一果汁，可保護牙齦，防止牙齦出血、紅腫，並可強化骨骼，促進健康。

哈密瓜蘋果汁

材料：哈密瓜一顆，蘋果一顆，牛奶100cc，蜂蜜一大匙。

做法：將哈密瓜洗淨去皮去籽，蘋果洗淨後剝皮去核，加入牛奶和蜂蜜，放入果汁機中打勻即可。

功效：常飲用此一果汁，可以降火利尿，對口鼻生瘡、中暑等症具治療功效。

蠶豆枇杷汁

材料：熟蠶豆五十公克，枇杷五顆，牛奶200cc，蜂蜜一大匙。

做法：將洗淨後的枇杷去皮去籽，熟蠶豆去皮，加入牛奶和蜂蜜，放入果汁機中打勻即可。

功效：蠶豆和枇杷都有利尿、消除水腫的功效，對於容易浮腫的腎臟病、慢性腎臟炎、肝臟病效果頗佳。

李子高麗菜汁

材料：李子一顆，高麗菜二百公克，蕃茄一顆，蜂蜜一小匙。

做法：將以上材料洗淨，李子去籽，和高麗菜、蕃茄放入榨汁機中榨汁，再加入蜂蜜拌勻即可。

功效：李子有利尿的作用，可以強化肝臟機能，蕃茄則屬鹼性食品，有燃燒脂肪，淨化血液的效果，適合患肥胖、糖尿病等需要限制卡路里攝取量之人飲用。

桃子蘆筍汁

材料：綠蘆筍五根，桃子一顆，蜂蜜一大匙，檸檬汁一小匙。

做法：將以上材料洗淨，桃子去籽和綠蘆筍，放入榨汁機中榨汁，再加入蜂蜜與檸檬汁拌勻即可。

功效：綠蘆筍具有清熱降火的功效，加入芳甜的蜜桃，是一夏日消暑聖品。

小黃瓜牛奶汁

材料：小黃瓜三根，牛奶200cc，蜂蜜一大匙。

做法：將洗淨後的小黃瓜，與牛奶和蜂蜜，放入果汁機中打勻即可。

功效：小黃瓜具有清熱解毒，對消除水腫及利尿有療效，而且可以止咳化痰。

小叮噹：對胃虛寒者，較不適宜飲用。

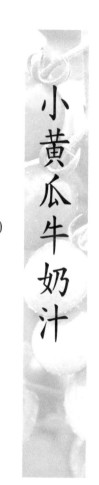

小黃瓜蕃茄汁

材料：小黃瓜二根，蕃茄一顆，蜂蜜一大匙，檸檬汁一小匙。

做法：將洗淨後的小黃瓜，和洗淨後的蕃茄，放入榨汁機中榨汁，再加入蜂蜜、檸檬汁拌勻即可。

功效：常飲用此一果菜汁，有利尿作用，對身體浮腫、腎臟病患者有具體功效。

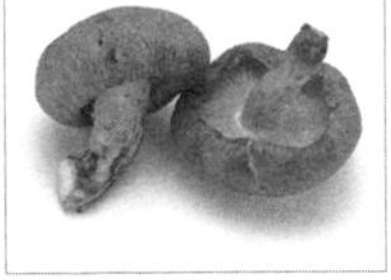

幫助消化・促進食慾

紅蘿蔔綜合汁

材料：紅蘿蔔一百公克，菠菜五十公克，芹菜二十公克，西洋芹二十公克，蜂蜜一大匙，檸檬汁一小匙。

做法：將以上材料洗淨，放入榨汁機中榨汁，再加入蜂蜜和檸檬汁拌勻即可。

功效：菠菜與西洋芹均含有豐富的鉀質，可供給肌肉組織和頭腦細胞大量的營養，而且可以保持血液的微鹼性，更具有消除胃酸過多的功效，尤其對更年期女性助益良多。

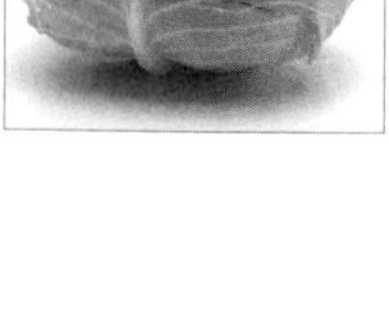
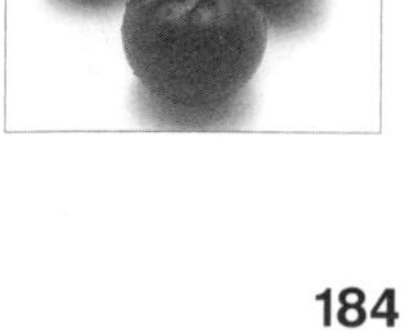

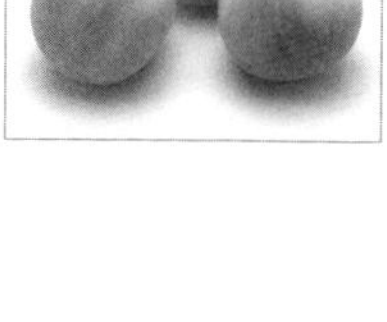

柳橙蘆筍汁

材料：柳橙一顆，綠蘆筍五根，紅蘿蔔一百公克，蜂蜜一小匙，檸檬汁一小匙。

做法：將以上材料洗淨，柳橙削皮去籽，綠蘆筍整根（含下面白而硬的部分）和紅蘿蔔，放入榨汁機中榨汁，再加入蜂蜜與檸檬汁拌勻即可。

功效：蘆筍具有清熱止瀉、止嘔吐的功效，還能溶解膽中的結石，適合膽結石、黃疸患者飲用。

香蕉花椰菜汁

材料： 香蕉一根，花椰菜二百公克，葡萄柚半顆，蜂蜜一大匙，冷開水適量。

做法： 將以上的材料洗淨，葡萄柚剝皮去籽，香蕉去皮，與其他材料，一起放入果汁機中打勻即可。

功效： 葡萄柚含有豐富的維他命C，能生津止渴，幫助消化，促進食慾。

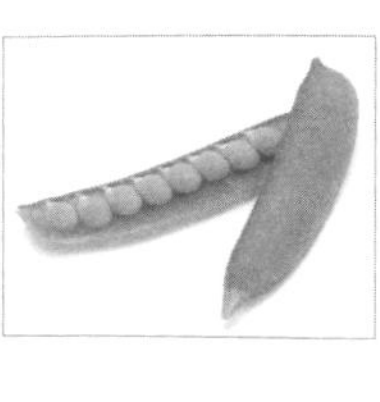

苦瓜蘋果汁

材料：苦瓜一條，蘋果一顆，牛奶100cc，蜂蜜一大匙。

做法：將苦瓜洗淨去籽，蘋果洗淨後削皮去核，加入牛奶和蜂蜜，放入果汁機中打勻即可。

功效：苦瓜可以降火去熱，促進消化，對中暑、口渴、小便赤黃者，可以經常飲用。

生菜木瓜汁

材料：生菜一百五十公克，木瓜一顆，蘋果一顆，蜂蜜一小匙，檸檬汁一小匙。

做法：將以上材料洗淨，木瓜削皮去籽，蘋果削皮去核，與生菜，放入榨汁機中榨汁，再加入蜂蜜與檸檬汁拌勻即可。

功效：木瓜含有可以消化蛋白質的酵素，對消化不良及胃病患者，具有功效。

白菜蘋果汁

材料：白菜二百公克，蘋果一顆，蜂蜜一大匙，酸梅汁一大匙。

做法：將白菜洗淨，蘋果洗淨後削皮去核，放入榨汁機中榨汁，再加入蜂蜜與酸梅汁拌勻即可。

功效：白菜含有豐富的纖維質，有整腸的作用，加上蘋果、蜂蜜具有解毒的功效，可以降低酒精濃度的成分，有效減輕宿醉的症狀。

柿子青江菜汁

材料：柿子一顆，青江菜一百五十公克，蘋果一顆，蜂蜜一大匙，檸檬汁一小匙。

做法：將以上材料洗淨，柿子削皮去籽，蘋果削皮去核，與青江菜，放入榨汁機中榨汁，再加入蜂蜜與檸檬汁拌勻即可。

功效：青江菜可以健胃整腸，幫助消化，對宿醉症狀可以有效防止，喝酒前吃柿子，還可以防止酒醉。

小叮嚀：對胃腸不佳或體質虛寒時，盡量少喝。

蘆薈蘋果汁

材料： 蘆薈一條，蘋果一顆，蜂蜜一小匙，檸檬汁一小匙，冷開水適量。

做法： 將蘆薈洗淨後取果肉，蘋果洗淨後削皮去核，加入冷開水，放入果汁機中打勻，再加入蜂蜜、檸檬汁拌勻即可。

功效： 常飲用此一果菜汁，對消化不良，食慾不好者，很具功效，連腸胃虛弱、痔瘡、便秘及虛寒者，效果也非常顯著。

蕃薯蘋果汁

材料：蕃薯一百公克，蘋果一顆，蜂蜜一大匙。

做法：將蕃薯洗淨去皮，蘋果洗淨後削皮去核，放入榨汁機中榨汁，再加入蜂蜜拌勻即可。

功效：此一果菜汁可以減輕胃腸不適。

小叮嚀：蕃薯表皮呈黑色處，吃了對身體有害，處理時要特別留意，一定要削乾淨。

茼蒿柚子汁

材料：茼蒿二百公克，柚子一顆，蘋果一顆，蜂蜜一大匙。

做法：將以上材料洗淨，柚子剝皮去籽，蘋果削皮去核，與茼蒿，放入榨汁機中榨汁，再加入蜂蜜拌勻即可。

功效：茼蒿含有豐富的鐵質，可以有效預防貧血，穩定情緒，柚子則含有大量的鉀質，對於降低血壓，效果雙倍，二者一起飲用，因含豐富的纖維質，有整腸的作用和降低膽固醇的功效。

牛蒡芹菜汁

材料：牛蒡一根，芹菜五十公克，蜂蜜一大匙。

作法：將以上材料洗淨，牛蒡去皮與芹菜，放入榨汁機中榨汁，再加入蜂蜜拌勻即可。

功效：牛蒡俗稱「疼某菜」，具有壯陽功效，芹菜能促進食慾及新陳代謝，幫助消化。

香蕉哈密瓜汁

材料：香蕉一根，哈密瓜一顆，蘇打水100cc，蜂蜜一小匙。

做法：將哈密瓜洗淨去皮去籽，與洗淨後的香蕉剝皮，加入蘇打水和蜂蜜放入果汁機中打勻即可。

功效：一根香蕉含有半個蛋的營養，卡路里很高，可幫助消化，增進食慾。

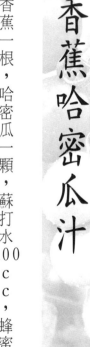

香蕉香瓜汁

材料：香蕉一根，香瓜一顆，養樂多一瓶。

做法：將香瓜洗淨去皮去籽，與洗淨後剝皮的香蕉，加入養樂多，一起放入果汁機中打勻即可。

功效：香瓜含有葉酸，可以有效恢復因飲酒過量所造成的胃腸粘膜傷害，香蕉則適用於便秘，有美容明目的功效。

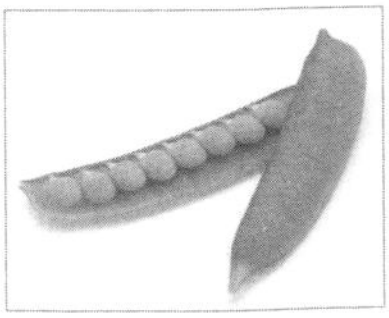

鳳梨紅蘿蔔汁

材料：鳳梨一百五十公克，紅蘿蔔一百公克，豆漿100cc，蜂蜜一大匙。

做法：將以上材料洗淨，鳳梨削皮去心，與紅蘿蔔、豆漿、蜂蜜，一起放入果汁機中打勻即可。

功效：鳳梨含有菠蘿朊脢的蛋白質，可以分解酵素，幫助肉品消化，對於脂肪、蛋白質、澱粉的分解也有助益，因飲酒過量所引起的消化不良，效果很好，而紅蘿蔔中的水溶性纖維質，可以有效保護腸壁，適合腸胃不良者飲用。

葡萄鳳梨汁

材料：葡萄15顆，鳳梨一百五十公克，牛奶100cc，蜂蜜一小匙。

做法：將以上材料洗淨，葡萄去皮去籽，鳳梨削皮去心，加入牛奶和蜂蜜，一起放入果汁機中打勻即可。

功效：此一果汁具有健胃整腸的功效。

木瓜鳳梨汁

材料：木瓜一顆，鳳梨一百五十公克，牛奶100cc，蜂蜜一小匙。

做法：將以上材料洗淨，木瓜去皮去籽，鳳梨削皮去心，加入牛奶和蜂蜜，一起放入果汁機中打勻即可。

功效：常飲此一果汁，可以幫助消化，是一健胃佳品。

梨子葡萄汁

材料：梨子一顆，葡萄二十顆，紅蘿蔔一百公克，蜂蜜一小匙，檸檬汁一小匙。

做法：將以上材料洗淨，梨子去皮去核，葡萄去皮去籽和紅蘿蔔，一起放入榨汁機榨汁，再加入蜂蜜、檸檬汁拌勻即可。

功效：葡萄中的葡萄糖，可以促使腸子迅速吸收，而且適合於激烈運動後，無法飲食或腸胃障礙者飲用。

橘子芒果汁

材料：橘子一顆，芒果一顆，蜂蜜一小匙，冷開水適量。

做法：橘子洗淨剝皮去籽，芒果洗淨去皮去籽，加入冷開水和蜂蜜，一起放入果汁機中打勻即可。

功效：橘子可以開胃，而芒果含有豐富的粗纖維質，可幫助胃腸消化

李子橘子汁

材料：李子二顆，橘子一個，蜂蜜一小匙。

做法：將以上材料洗淨，李子去籽，橘子去皮去籽，放入榨汁機中榨汁，再加入蜂蜜拌勻即可。

功效：常飲用此一果汁，具有清胃潤腸的功效。

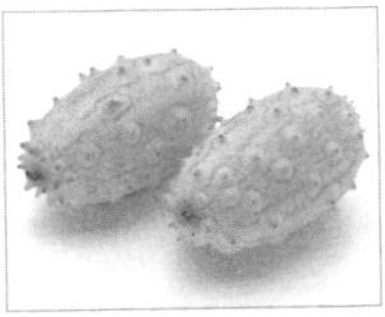

香蕉柳橙汁

材料：香蕉一根，柳橙一顆，優酪乳200cc，蜂蜜一小匙。

做法：將柳橙洗淨去皮去籽，加入洗淨後的剝皮香蕉，和優酪乳及蜂蜜，一起放入果汁機中打勻即可。

功效：香蕉與優酪乳中的乳酸菌，均可有效保護胃腸黏膜，促進消化，保腸健胃。

蘋果酸梅汁

材料：蘋果一顆，酸梅原汁1／4小匙，高麗菜一百公克，蜂蜜一大匙。

做法：蘋果洗淨後削皮去核，與洗淨後高麗菜，放入榨汁機中榨汁，再加酸梅汁、蜂蜜拌勻即可。

功效：酸梅汁有強力的殺菌作用，能中和食物中毒、噁心、嘔吐，而且能整腸，對食慾不振者有效，而高麗菜中的纖維質、鈣質具有催化酸梅汁的作用。

芭樂蘋果汁

材料：芭樂一顆，蘋果一顆，蜂蜜二大匙，冷開水適量。

做法：蘋果洗淨後削皮去核，與洗淨後的芭樂，與冷開水及蜂蜜，一起放入果汁機中打勻即可。

功效：芭樂具有止瀉、消炎止血的功效，對急性腸胃炎、痢疾及消化不良功效顯著。

銀杏蘋果汁

材料：銀杏三顆，蘋果一顆，養樂多一瓶，蜂蜜一小匙。

做法：蘋果洗淨後削皮去核，與洗淨後去籽的銀杏，加入養樂多及蜂蜜，一起放入果汁機中打勻即可。

功效：銀杏含有豐富的維他命A，有整腸效果，可以治療便秘，兼具美容保健的功效。

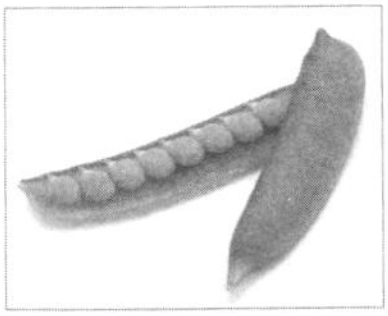

香蕉綜合汁

材料：香蕉一根，橘子一顆，蘋果一顆，蜂蜜一小匙，冷開水適量。

做法：將以上材料洗淨，蘋果去皮去核，橘子剝皮去籽，香蕉剝皮，和冷開水及蜂蜜，一起放入果汁機中打勻即可。

功效：此果汁卡路里高，可以增進食慾，酸甜又爽口，是一保健飲品。

預防感冒・養顏美容

柳橙高麗菜汁

材料：柳橙二顆，高麗菜一百五十公克，蘋果一顆，蜂蜜一小匙，檸檬汁一小匙。

做法：將以上材料洗淨，柳橙削皮去籽，蘋果削皮去核，和高麗菜，一起放入榨汁機中榨汁，再加入蜂蜜、檸檬汁拌勻即可。

功效：柳橙富含維他命C，長期飲用，可預防感冒，並可美化肌膚，高麗菜則可以促進腸胃蠕動，幫助消化。

蘿蔔蘋果汁

材料：蘿蔔一百公克，蘋果一百公克，荷蘭芹五十公克，蜂蜜一大匙，檸檬汁一小匙。

做法：將以上材料洗淨，蘿蔔削皮，蘋果削皮去核，與荷蘭芹放入榨汁機中榨汁，再加入蜂蜜和檸檬汁拌勻即可。

功效：蘋果含有蘋果酸，具有整腸作用，對於腸胃虛寒、腹瀉、體質容易疲勞者有效，此一果菜汁含有各種酵素，是一種天然的消化劑，治療感冒，效果很好，並具有止咳、祛痰、抑制發炎等功效。

蓮藕蘋果汁

材料：蓮藕二百公克，蘋果一百公克，蜂蜜一大匙，檸檬汁一小匙。

做法：將以上材料洗淨，蓮藕削皮，蘋果削皮去核，放入榨汁機中榨汁，再加入蜂蜜和檸汁拌勻即可。

功效：蓮藕具有止咳、解熱、退燒的功效，對氣喘也有助益，常飲用此一果菜汁，可以補充葉紅素、維他命B_1、B_2、C、尼古丁，鐵和鈣質等養分，治療感冒，效果很好。

香瓜紅蘿蔔汁

材料：香瓜一顆，紅蘿蔔一百公克，香菜五十公克，蜂蜜一小匙，檸檬汁一小匙。

做法：將以上材料洗淨，香瓜削皮去籽，與紅蘿蔔、香菜放入榨汁機中榨汁，再加入蜂蜜和檸檬汁拌勻即可。

功效：本果菜汁含有豐富的維他命A、C，營養可口，又具養顏美容的功效。

金橘蘋果汁

材料：金橘10顆，蘋果一顆，蜂蜜一大匙。

做法：將以上材料洗淨，蘋果削皮去核，與金橘，一起放入榨汁機中榨汁，再加入蜂蜜拌勻即可。

功效：此果汁能有效消除疲勞，對治療初期感冒很具功效。

橘子葡萄柚汁

材料：橘子一顆，葡萄柚一顆，蜂蜜一大匙。

做法：將以上材料洗淨，橘子剝皮去籽，和去皮的葡萄柚，放入榨汁機中榨汁，再加入蜂蜜拌勻即可。

功效：葡萄柚含有豐富的維他命C，能強化血管、迅速消除疲勞、預防感冒，而且可以有效保養皮膚、促進身體健康。

草莓蘋果汁

材料：草莓十顆，蘋果一顆，蜂蜜一大匙。

做法：將以上材料洗淨，草莓去蒂，蘋果削皮去核，放入榨汁機中榨汁，再加入蜂蜜拌勻即可。

功效：草莓含有豐富的維他命C，能有效預防感冒、風濕病，並能消除臉上的雀斑、抑制牙齦出血、迅速消除疲勞、美化肌膚。

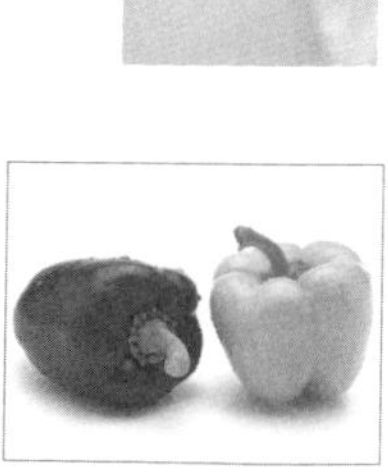

李子芹菜汁

材料：李子一顆，芹菜五十公克，梨子一顆，蜂蜜一小匙，檸檬汁一小匙。

做法：將以上材料洗淨，李子去籽，梨子去皮去籽和芹菜，放入榨汁機中榨汁，再加入蜂蜜和檸檬汁拌勻即可。

功效：李子和芹菜均含有豐富的維他命A和鐵質，能幫助造血功能，梨子則具有良好的解熱效果，對於預防感冒、扁桃腺發炎、糖尿病或由內臟發炎所引起的燥熱，均有特殊功效。

小叮嚀：對於四肢容易冰冷或患虛寒症者，盡量少喝。

金橘柳橙汁

材料：金橘六顆，柳橙一顆，蜂蜜一大匙。

做法：將以上材料洗淨，柳橙削皮去籽，與金橘，一起放入榨汁機中榨汁，再加入蜂蜜拌勻即可。

功效：此一果汁含有豐富的維他命C和鈣質，能有效的增強體力，預防感冒。

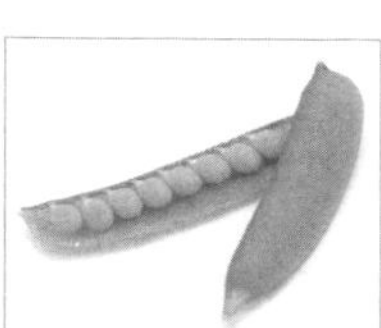

香蕉桃子汁

材料：香蕉一根，桃子一顆，蜂蜜一大匙，冷開水適量。

做法：將桃子洗淨去籽，與剝皮後的香蕉、冷開水、蜂蜜，一起放入果汁機中打匀即可。

功效：香蕉熱量極高，糖量也多，能迅速消除疲勞，桃子因含大量維他命與鈣等礦物質，不但可以預防感冒，又是最佳美容保健飲品。

草莓鳳梨汁

材料：草莓10顆，鳳梨一百公克，蘇打水100cc，蜂蜜一大匙。

做法：將以上材料洗淨，草莓去蒂，鳳梨削皮去心，加入蘇打水和蜂蜜，放入果汁機中打勻即可。

功效：常飲用此一果汁，不但可以促進身體健康，並且具有美白的功效。

南瓜杏仁汁

材料：南瓜一百五十公克，杏仁粉二十公克，牛奶100cc，蜂蜜一大匙，檸檬汁一小匙。

做法：將以上材料洗淨，南瓜削皮去籽，與杏仁粉和牛奶，一起放入果汁機中打勻，再加入蜂蜜和檸檬汁拌勻即可。

功效：杏仁可以平衡體內的水分，使身體具有溫熱感，南瓜則可以暖和身體，有效預防感冒，改善虛寒症。

蕃茄葡萄柚汁

材料：蕃茄一顆，葡萄柚一顆，蜂蜜一大匙。

做法：將以上材料洗淨，葡萄柚去皮與蕃茄，一起放入榨汁機中榨汁，再加入蜂蜜拌勻即可。

功效：此一果汁不但可以補充維他命C、預防感冒，還可以養顏美容、清爽可口、促進身體健康。

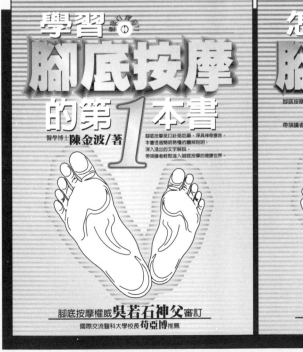

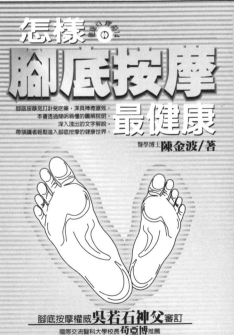

國家圖書館出版品預行編目資料

健康好喝的果菜汁／孟庭心著.——
第一版—— 台北市 宇河文化 ，民89
面 公分，——(健康百寶箱；21)
ISBN 957-659-212-7(平裝)

1.果菜汁
427.4 89008155

健康百寶箱 21
健康好喝的果菜汁
作 者／孟庭心
發 行 人／賴秀珍
榮譽總監／張錦基
總 編 輯／何南輝
文字編輯／林芊玲
美術編輯／林美琪
出 版／宇河文化出版有限公司
發 行／紅螞蟻圖書有限公司
地 址／台北市內湖區文德路210巷30弄25號
郵撥帳號／1604621-1 紅螞蟻圖書有限公司
電 話／(02)2799-9490．2657-0132．2657-0135
傳 眞／(02)2799-5284
登 記 證／局版北市業字第1446號
印 刷 廠／鴻運彩色印刷有限公司
電 話／(02)2985-8985．2989-5345
出版日期／2001年7月 第一版第二刷
2007年1月 第一版第三刷

定價250元

ISBN 957-659-212-7 Printed in Taiwan